Idea man

Idea man

KOTLER

科特勒
經典行銷學

一本掌握「現代行銷學之父」
菲利浦·科特勒完整行銷理論及重點

哥倫比亞大學行銷學博士 / 清華大學行銷學博士生導師
鄭毓煌——著

前言

人人都需要學習行銷，百分之九十九的人卻都誤解了行銷

二〇〇〇年，我開始在哥倫比亞大學商學院攻讀行銷學博士學位。在我研究和教授行銷的二十多年職業生涯裡，經常會有學生問我：「鄭老師，行銷真有那麼重要嗎？學行銷到底有什麼用呢？」

我先和大家分享一個統計結果——全球大多數企業的CEO（首席執行官）都是行銷出身，例如這些大名鼎鼎的企業家：

● 沃爾瑪公司（Walmart Inc）創始人山姆・沃爾頓（Samuel Walton）

● IBM創始人湯瑪斯・沃森（Thomas J. Watson）

- 松下公司創始人松下幸之助
- 思科公司（Cisco）董事會主席兼CEO約翰．錢伯斯（John Chambers）
- 甲骨文公司（Oracle）CEO和惠普公司（HP）前董事會主席兼CEO馬克．赫德（Mark Hurd）
- 嬌生公司（Johnson & Johnson）董事會主席兼CEO威廉．韋爾登（William Weldon）
- 「可口可樂之父」羅伯特．伍德魯夫（Robert Woodruff）

看完這些國外企業家的例子，不妨再來看看中國企業家的例子：

- 長江集團創始人李嘉誠
- 阿里巴巴創始人馬雲
- 農夫山泉創始人鐘睒睒
- 京東集團創始人劉強東
- 格力電器董事長董明珠

●美的集團董事長方洪波

看吧，行銷真的太重要了！為什麼CEO們大多數都是行銷出身呢？行銷在企業中的作用是負責獲得顧客，也就是獲得收入。如果沒有顧客，企業就沒有了收入，也就無法生存下去。正因為如此，CEO們大都是行銷出身。而且，這些優秀的企業家都為自己的行銷工作感到自豪。一九二三年，被譽為「可口可樂之父」的羅伯特·伍德魯夫在當上可口可樂公司的第二任董事長兼總經理後，常對人說這樣一句口頭禪：「我就是一個推銷員。」

市場行銷是如此重要，然而，在中國，百分之九十九的人都對行銷有所誤解，大多數人認為行銷就是推銷或者銷售東西。或許這是翻譯的原因。在英文裡，market（市場）作為動詞，有「行銷」的意思。在香港，商學院沒有行銷系，只有市場學系。然而在中國內地，marketing（market作為動詞的現在分詞形式）一詞被翻譯為「營銷」（編按：「營銷」為中國用語，本書以台灣慣用的「行銷」稱之），很多人在直覺上就把行銷當成推銷或者銷售。事實上，真正瞭解行銷的人都知道，「現代管理學之父」彼得·杜拉克

（Peter Drucker）對行銷的定義就是「行銷的目的是讓推銷變得多餘」。

大多數人對行銷的誤解還體現在：很多人都把產品和行銷視為對立。其實，早在一九六〇年，全球行銷學大師傑羅姆・麥卡錫（Jerome McCarthy）就提出了經典行銷理論框架「4P」（product〔產品〕、price〔價格〕、place〔通路〕、promotion〔促銷〕），其中第一個「P」就是產品。一個好的產品是技術研發人員和市場行銷人員共同努力的結果。如果沒有市場行銷人員對顧客需求的洞察，技術研發人員就很容易研發出顧客不願意購買的產品，從而導致一個產品在商業上的失敗。一個產品能否在市場上成功，不僅取決於產品本身的技術，還取決於品牌、包裝、價格、通路、服務等。歷史上，有許多技術非常先進的產品最後卻在市場上失敗了，比如著名的協和超音速客機和空中巴士A380飛機。

用「現代行銷學之父」菲利浦・科特勒（Philip Kotler）的話來說，百分之九十九的人都以為行銷只是上述4P中的一個P（promotion），也就是促銷。而真正知道行銷包括上述4P的人，不到百分之一。事實上，4P只是行銷組合策略，行銷的職責還包括企業打造具體行銷組合策略前的市場策略制定階段：企業如何進行市場區隔？企業應該選擇哪個或哪些區隔市場作為目標市場？企業該如何進行市場定位？市場區隔、目標市場選擇和市場定位被簡稱為STP（segmentation、targeting、positioning）。可以說，STP是企業進行市場行銷的核心，也是每家企業的CEO需要親自帶頭抓的頭等工作。

最後，大多數人對行銷的誤解還在於，很多人認為自己的工作和行銷無關，因此沒必要學習行銷。你可能會說：「我又沒有企業要管理，也不想當企業家，行銷對我有什麼用呢？」

事實上，行銷不但對每家企業至關重要，而且是每個人在日常生活和工作中都會遇到的，行銷是每個人都應該掌握的基本能力，是社交、職場等各個場合中每個人都應該學習的一種思維。

例如，在社交場合，每個人都希望自己成為在學校、工作單位或者朋友圈裡受歡迎的人，然而真正能夠做到的並不多。

又如，在職場，掌握行銷思維可以使自己更容易得到晉升機會，擁有更成功的事業。經常有人抱怨，自己很有能力，工作也非常努力，卻總是得不到領導的重視。其實，這可能是因為他缺乏「以顧客為中心」的行銷思維，缺乏站在領導角度看問題的能力。因此，行銷思維的學習對每個人都至關重要。

即使對政府等公共機構或非營利機構而言，也要擁有市場行銷的理念。例如，不論是國家、縣市，要想吸引外地遊客，都需要學習市場行銷。又如，各國政府要競爭奧運舉辦資格，要想獲得多數票，同樣需要用到市場行銷。政府公共部門要想提高老百姓的滿意度，也需要學習「以顧客為中心」的行銷理念。甚至，我們每個人的名字其實也都是一個品牌。

如何讓自己更成功、更有影響力？這些都離不開行銷的理念和方法。

行銷對企業和個人如此重要，江湖上各種教行銷的人和書卻魚龍混雜，很多都只是窺豹一斑、盲人摸象。要想系統性學習行銷，最權威的著作莫過於「現代行銷學之父」

菲利浦・科特勒的《行銷管理》（*Marketing Management*）。這本書自一九六七年出版以來已經改版十六次，全球銷量超過一千萬冊，是各大商學院行銷課程的必讀教材，影響了無數企業家和企業高管，被譽為行銷學的「聖經」。然而，由於這本教科書太厚（《行銷管理》第十六版的字數為一百一十萬字）和太專業，很多人無法讀完全書。正因如此，在二十多年的行銷研究和教學之後，在教了上萬名企業家和企業高管學生之後，我覺得非常有必要寫一本短小精悍、人人都能看懂的市場行銷書，並向大眾普及科特勒科學行銷體系。

值得一提的是，科特勒科學行銷體系並非菲利浦・科特勒一個人提出的，而是他整合了多位管理學家、策略學家和行銷學家的思想和智慧，其中包括彼得・杜拉克提出的行銷目的、希歐多爾・萊維特（Theodore Levitt）提出的行銷短視症、傑羅姆・麥卡錫提出的4P、溫德爾・史密斯（Wendell Smith）提出的市場區隔、艾爾・賴茲（Al Ries）和傑克・屈特（Jack Trout）提出的定位、麥可・波特（Michael Porter）提出的競爭策略等許多理論。正因為菲利浦・科特勒是行銷的集大成者，開創了行銷這個學科，他被譽為「現代行銷學之父」。

經過多年的努力，這本書終於要出版了。在本書中，我分享了我對科特勒科學行銷體系的理解，並透過上百個中外品牌成功或失敗案例的解析，幫助行銷零基礎的人迅速掌握行銷的基本理念和方法，也幫助已在市場一線工作多年的企業家和企業高管輕鬆掌握科特勒科學行銷體系，從而更系統地從事市場行銷工作。同時，也希望透過這本書幫助每個人把行銷的思維、理念和方法運用到生活、社交、職場中，提升個人影響力和競爭力。

接下來，就讓我們一起開啟科學行銷的學習之旅吧！

鄭毓煌
哥倫比亞大學行銷學博士
清華大學行銷學博士生導師
世界行銷名人堂中國區評委

目次

第4章 行銷策略 讓顧客欲罷不能的五大方法

第 1 章

行銷本質

圍繞顧客價值的八個字

一九七六年，史蒂夫．賈伯斯（Steve Jobs）和史蒂夫．沃茲尼克（Steve Wozniak）在賈伯斯家的車庫裡創辦了蘋果公司，之後改變了全球的個人電腦行業。截至二〇二三年十一月二十三日，蘋果公司的市值高達二點四兆美元，高居全球第一。在二〇二三年Interbrand（全球最著名的品牌諮詢公司）全球品牌百強排行榜中，蘋果也高居第一。

蘋果公司成功的祕密是什麼？

首先，蘋果的創新基因一直為業界所稱頌。一九七七年，由沃茲尼克發明的Apple II電腦引領了個人電腦行業。從一九七七年誕生到之後的十六年裡，Apple II電腦共售出近六百萬台。可以說Apple II電腦真正開創了個人電腦產業。一九八四年，由賈伯斯帶領團隊發明的麥金塔電腦更是使用了圖形介面的作業系統和滑鼠，震撼世界。

一九九七年，賈伯斯回歸蘋果公司之後，蘋果公司再次以多項偉大的創新改變了世界：iPod（蘋果音樂播放器）、iTunes（蘋果音樂商店）、iPhone（蘋果智慧手機）、AppStore（蘋果應用商店）、iPad（蘋果平板電腦）、Apple Watch（蘋果智能手錶）、AirPods（蘋果無線耳機）等。即使在智慧型手機競爭非常激烈的今天，蘋果仍然在技術創新上領先同行，例如蘋果研發的晶片非常強勁，而其他很多手機公司卻沒有自己的晶片。

其次，蘋果的行銷基因更是不可思議。一九七六年創立蘋果公司時，年僅二十一歲的賈伯斯就從風險投資人、蘋果公司聯合創始人邁克·馬庫拉（Mike Markkula）身上學到了三個「蘋果行銷哲學論」：共鳴（empathy, 產品要緊密結合顧客的感受）、專注（focus, 拒絕所有不重要的機會）、灌輸（impute, 用精美的包裝等細節傳遞產品形象）。一九七七年，在沃茲尼克成功研發和製作出Apple II電腦之後，賈伯斯的行銷能力也對Apple II電腦的成功起了至關重要的作用。

當時，儘管蘋果只是一家初創企業，但在參加首屆美國西海岸電腦展覽會時，賈伯斯就用五千美元的高價租到了展廳裡最好的位置。此外，別的廠商的展位都只用普通的桌子和硬紙板牌子，蘋果公司則用上了鋪著黑色天鵝絨布的櫃檯。Apple II電腦的包裝箱也非常漂亮，比其他展臺上的那些醜陋機器或者裸露的電路板顯得高檔多了。

這些行銷做法幫助蘋果公司在這次展會上獲得了三百份訂單，Apple II電腦一炮而紅。

一九八四年，賈伯斯的行銷天賦在他發布麥金塔電腦時得到了完美的體現。賈伯斯非常重視發布會，在發布會前認真準備每個細節，並多次排練，以給用戶留下最好的印象。一九九七年賈伯斯回歸蘋果公司之後，蘋果公司的每一場發布會也都成為全球矚目的事件。在通路策略上，除了常規的代理商銷售，二〇〇一年，蘋果公司開設了第一家線下零售店，結果證明是一個非常成功的行銷策略。截至二〇二一年十二月十五日，蘋果公司在全球已有五百一十六家線下零售店，其每平方公尺接近四十萬元人民幣的坪效，更是在全球零售店中排名第一，超過蒂芙尼等鑽石和珠寶品牌零售店的坪效（蒂芙尼的坪效約為每平方公尺二十萬元人民幣）。

更重要的是，蘋果線下零售店縮短了蘋果與消費者之間的距離，提升了品牌知名度，增加了互動，並且給蘋果公司帶來了很多有益的用戶回饋。同時，零售店還擴大了蘋果公司的影響力。每次新產品發布，都吸引了大量果粉在蘋果零售店外排隊購買。

在廣告傳播上，蘋果公司也非常有創意。蘋果公司於一九八四年推出的廣告片《1984》，和一九九七年賈伯斯回歸蘋果後推出的系列廣告「非同凡想」（Think Different）都廣受讚譽，幫助蘋果公司成功把自己定位為一個敢於創新和冒險、不墨守成規的品牌。這讓蘋果公司在後來與微軟的競爭中佔有很大的優勢。事實上，比爾·蓋茲（Bill Gates）和賈伯斯是同齡人，但兩個人和兩家公司在消費者內心的感知非常不一樣，大多數人覺得微軟和比爾·蓋茲非常保守和傳統，而蘋果和賈伯斯非常創新和前衛。

總之，蘋果公司在創新與行銷上都非常優秀，卻根本不做製造——它把製造交給其在亞洲的代工商，包括富士康公司等。

要知道，富士康公司在中國大陸就擁有超過一百萬名員工，而蘋果公司在全球只有十萬多名員工。但是，蘋果公司的市值、營收和利潤都遠遠超過富士康。

商業競爭：什麼是企業的核心競爭力？

一、行銷和創新是企業的兩個基本職能

什麼是企業的核心競爭力？另外，什麼是企業的核心職能？關於這個問題，我經常在清華課堂上問企業家和企業高管學生，每個人的回答都非常不一樣。有的人覺得人力資源最重要（只有人才是最重要的），有的人覺得金融和財務最重要（沒有錢什麼也幹不了），有的人覺得研發和技術創新最重要（技術是一切變革的推動力），還有的人覺得市場行銷最重要（顧客是上帝），聽起來都有各自的理由。的確，這些職能都是企業

競爭力的重要組成部分。那麼，究竟什麼才是企業的核心競爭力和核心職能？

彼得．杜拉克對這個問題做了非常具有前瞻性的回答，在他一九五四年的經典著作《彼得．杜拉克的管理聖經》（*The Practice of Management*）中有這樣一句話：「行銷和創新是任何企業都有且僅有的兩個基本職能。」彼得．杜拉克之所以這麼說，是因為他認為「企業的目的是創造顧客」，而企業要想創造顧客，就需要行銷和創新這兩個基本職能。

如果你覺得彼得．杜拉克是學者而非企業家，那麼我們還可以看看企業界前輩的看法。臺灣「企業家教父」宏碁集團創始人施振榮曾經提出著名的「微笑曲線」理論。微笑曲線理論認為，如果一家企業做的是製造，它所創造的附加價值就比較低，而附加價值最豐厚的區域，正好集中在微笑曲線的兩端——研發創新和市場行銷。

不論是「現代管理學之父」彼得．杜拉克，還是企業界老前輩施振榮，都認為行銷和創新是企業最基本的兩個職能，也是附加價值最高的兩個職能。本章的開篇案例蘋果公司的成功也印證了這一看法。

二、行銷和創新，哪個更重要？

如果行銷和創新不可兼得，你會選擇哪一個？究竟哪個才是企業最重要的競爭力？我和美國哥倫比亞大學教授、行銷大師諾埃爾．凱普（Noel Capon）曾經一起在《清華管理評論》上聯合署名發文，指出：「市場行銷是企業最核心的競爭力，也是企業最核心的職能。沒有之一。」

因為顧客決定了企業存在的意義。沒有顧客，任何企業都將無法生存，只有顧客能為企業貢獻收入和利潤，而市場行銷正是企業創造並留住顧客的能力。

彼得．杜拉克說過：「顧客決定了企業是什麼，並且只能是顧客，透過願意為一個商品或一種服務買單，將經濟資源轉變為財富，把物品轉變為商品。」

任何一家剛剛創立的小企業，可以沒有研發人員，沒有財務人員，沒有人力資源人員，沒有行政人員，但唯一不可缺少的，就是尋找顧客和獲取收入的行銷人員。這些小企業的創業者往往自己就是行銷人員，他們努力尋找並服務顧客，因為他們打從心底裡知道，找到願意買單的顧客才是企業最關鍵的任務。

事實上，即使是一些規模較大的企業，也可能沒有研發人員。例如，很多貿易型企業就沒有自己的產品研發部門。因為貿易型企業自己並不研發產品，而是從各個產品製造商那裡進貨，再賣貨給顧客。從這個角度看，創新能力不是必需的，但獲得客戶的市場行銷能力卻是必不可少的。

其次，行銷和創新的區別在於，行銷以顧客為中心，而創新以技術為中心。對大學等非營利科研機構來說，創新是最重要的。然而，對企業來說，由於企業是營利機構，很多技術上偉大的創新可能由於成本等原因而無法獲利。例如，人類現在還無法飛到火星，最先進的無人探測器也要經過半年以上的時間，才能飛到距離地球平均約二億二千五百萬公里之遠的火星（火星離地球的最近距離約為五千五百萬公里，最遠距離約為四億公里)。但假如研究人員研發出一個能載人飛到火星並安全返回的飛行器,火星旅行會有商業前景嗎?

首先,昂貴的價格使全世界沒有幾個人負擔得起去火星旅遊一趟的費用。現在少數富人可以去距離地表九十公里的太空旅行一趟,價格大約是五千萬美元。假如技術上也可以載人往返距離地球平均二億二千五百萬公里的火星,單人價格恐怕會高達十億美元甚至更高,而能夠支付十億美元的人全世界屈指可數——根據富比士億萬富豪排行榜,全世界大約只有幾千人身家在十億美元以上。即使是那些能支付十億美元票價的富豪,也不一定願意去火星,畢竟從地球到火星的往返行程至少要花好幾年,待在一個密閉的飛行器裡這麼久並面臨諸多的生理心理挑戰,大多數億萬富豪根本受不了。因此,火星旅行這個創新設想即使非常偉大,也可能在商業上根本無法獲利。

事實上,商業比技術更加複雜,不僅要考慮技術的可行性,還要考慮該技術能否被顧客接受(財務、心理、生理等多方面)。由此我們可以理解,為什麼類似探索火星這樣的偉大創新,大都是由政府去資助科研機構進行研究,企業卻基本上不願意花錢去做這樣的研究，因為這種研究不僅需要耗費巨資（中國歷年首富如鐘睒睒、馬雲、馬化騰的錢全部加起來投進去可能都不夠），而且幾乎沒有可能獲利。另外，有些時候，即使一項創新技術在成本、價格等財務上沒有給顧客帶來障礙，顧客也可能由於心理上的原因而不願意接受。例如，假設最新的基改技術可以使一隻雞長出十個翅膀，那麼，消費者是否願意買這樣的雞翅？在食品安全等領域，消費者完全可能更喜歡傳統而拒絕創新。

在人類的商業歷史上，有很多技術上非常偉大的創新，最後沒能獲得成功。以民航業為例。一九六九年，全球第一架超音速民航客機由英法兩國政府聯合研製出來成功首飛，被命名為「協和」（Concorde），並在一九七六年正式投入商業營運。協和超音速客機巡航速度高達二千一百五十公里／小時，主要營運紐約—倫敦和紐約—巴黎這兩條跨大西洋的黃金航線。無疑的，協和超音速客機的飛行速度遠遠領先今天的普通民航客機——普通民航客機從紐約出發需要飛行六個小時才能到達倫敦，而協和超音速客機只要二個小時五十分鐘即可到達。

然而，由於研發費用巨大，而且產量很低（一共只生產了二十架），協和超音速客機成本極高，乘客需要支付的價格也極高。當時，普通民航客機往返紐約—倫敦航線大約需要五百美元，但協和超音速客機則需要一萬美元的高價。此外，協和超音速客機空間狹小，座位並不寬敞，和普通民航客機的經濟艙相當，而且乘客無法攜帶大量行李。而普通民航客機雖然慢，但其頭等艙的機票價格遠低於協和超音速客機的機票價格，而且更加舒適（座椅可以調整至傾斜甚至平躺，包含電影娛樂系統等），乘客可以攜帶大量行李，這導致很多支付得起協和超音速客機票價的富豪或者高端商務乘客，也更願意選擇普通民航客機。

因此，儘管飛行速度更快，但高票價和低舒適度等因素導致協和超音速客機長期載客量不足，一直無法獲利，需要靠英法兩國政府進行補貼。二〇〇〇年七月二十五日，協和超音速客機由於爆胎而第一次失事，導致一百一十三人喪命。儘管這是協和超音速客機飛行的二十五多年來唯一的一次事故（從安全紀錄上來說比普通民航用的波音飛機和空中巴士飛機都更加安全），而且在查明事故原因後很快就於二〇〇一年恢復飛行，但是長期不獲利，最終導致協和超音速客機在二〇〇三年十月二十四日最後一次飛行之後永久停飛。

除了協和超音速客機，近年來民航業另一個失敗的案例是著名的空中巴士A380客機。在耗費鉅資研發多年之後，空中巴士在二〇〇七年交付首架A380給新加坡航空公司，該飛機於二〇〇七年十月二十五日投入營運。A380是四引擎的超大型雙層客機，座位數在五百～九百個（取決於頭等艙、商務艙、經濟艙的不同座位數安排），是全球最大的民航客機，因此也被稱為「空中巨無霸」。

能開發出這麼一個龐然大物飛在空中，這當然是一項偉大的創新。由於A380飛行起來非常平穩，很多乘客都特別喜歡它。然而，空中巴士的客戶們——全球各國的航空公司似乎並不喜歡這樣的大飛機，因為比起雙引擎寬體飛機（大約三百個座位），A380的經濟性明顯低很多，而且很難保證上座率。截至二〇一九年二月，空中巴士公司一共只接到二百九十架A380的訂單，並交付了二百三十五架飛機（與之相比，波音公司於二〇一一年九月交付首架787飛機給全日空航空公司，到二〇一三年十一月，就獲得了一千零一十二架該機型的訂單，波音787成為航空史上最快達到這一銷售數量的寬體機）。這樣的銷量不足以保證盈利，因為Ａ３８０前期的研發費用高達二百五十億美元。

二〇一九年二月十四日，在最大的客戶阿聯酋航空公司宣布削減Ａ３８０的訂單之後，空中巴士公司只好無奈宣布將在二〇二一年永久停止生產和交付Ａ３８０。甚至，二〇二二年，中國南方航空公司（南航）也宣布讓旗下的五架Ａ３８０提前退役。要知道，南航是中國唯一擁有Ａ３８０的航空公司，而且這些Ａ３８０還很新，都是空中巴士公司在二〇一一至二〇一三年交付的。事實上，不僅是南航，包括法國航空、阿提哈德航空、漢莎航空、馬來西亞航空、泰國航空在內的全球多家航空公司，也都明確表示不再營運Ａ３８０客機。

被稱為「空中巨無霸」的Ａ３８０，是目前已投入營運的世界最大、最先進的民用客機。為什麼南航等全球大型航空公司紛紛忍痛割愛，宣布讓其提前退役？原因當然不是技術不夠先進，而是經濟性不高。換句話說，航空公司用Ａ３８０比用別的飛機要耗費更高的成本。特別是二〇二〇年新冠疫情以來，全球航空需求銳減，這就成為壓垮Ａ３８０的最後一根稻草。即使不計算購買成本，航空公司維護Ａ３８０的成本也可能已經高於收益了，因此它們最後決定乾脆讓Ａ３８０提前退役。Ａ３８０儘管技術非常先進，但最後因為滿足不了顧客需求（請記住，Ａ３８０的顧客是航空公司）而失敗了，令人不勝唏噓。

與創新聚焦於技術不同，行銷聚焦於顧客，是企業的基礎活動。當行銷傳遞了顧客價值並滿足了顧客需求時，企業就能吸引、留住和發展顧客。行銷的內容包含確定機遇、瞭解顧客需求、理解競爭、開發吸引人的產品和服務，以及和潛在顧客溝通。當這些任務圓滿完成時，股東財富就會成長。要記住，創造股東財富不是出於商業的目的，股東財富的成長是創造顧客價值後自然獲得的回饋。

因為市場行銷是企業最核心的競爭力，所以它不僅是行銷部門的工作，還應該是企業董事長、總裁、ＣＥＯ等企業決策者親自負責的事情。以華為公司為例，二〇〇一年，在華為公司內刊《華為人》上，有一篇題為「為客戶服務是華為存在的理由」的文章，任正非在審稿時，將其改成「為客戶服務是華為存在的唯一理由」。在二〇一〇年的一次會議上，任正非進一步指出：「在華為，我們堅決提拔那些眼睛盯著客戶、屁股對著老闆的員工，堅決淘汰那些眼睛盯著老闆、屁股對著客戶的幹部。」自一九八七年創立華為以來，任正非正如一位虔誠的傳教士，在華為內部不厭其煩地用「唯一」這樣的詞來宣揚華為的價值觀——以客戶為中心，並經過數十年的不懈努力，將此價值觀深深植入華為人的心。

正因如此，華為才能慢慢地從技術落後發展到打敗技術領先的若干跨國巨頭：阿爾卡特—朗訊、諾基亞、摩托羅拉等知名跨國公司，一個個都落在華為身後。如今，華為公司已經成為中國的驕傲，二〇二一年，華為的銷售收入高達六千三百六十八億元人民幣，並成為唯一登上二〇二一年Interbrand全球品牌百大排行榜的中國品牌。華為的成功印證了這樣一個事實：誰能將「以客戶為中心」這樣一個商業價值觀堅持到底，誰就是贏家。

行銷的本質：圍繞顧客價值的八個字

說到行銷，很多人都會覺得行銷很簡單。為什麼會有這樣一種感覺呢？因為百分之九十九的人對行銷的理解都是片面和錯誤的——大多數人都把行銷理解為市場促銷、做廣告、賣東西。

事實上，這遠非行銷的本質。

我們知道，行銷的一切都圍繞顧客，而顧客購買任何商品都是因為該商品能為顧客創造價值。所以，根據美國市場行銷協會（American Marketing Association，縮寫為AMA）對行銷的定義，行銷的本質就在於：「識別」（identify）、「創造」（create）、「溝通」（communicate，也經常翻譯為「傳播」）和「交付」（deliver）顧客價值。

請注意，這八個字是一個全流程：**一、「識別」**顧客價值就是要理解顧客購買商品或服務所滿足的深層次需要是什麼；**二、「創造」**顧客價值就是把能夠滿足顧客需要的商品或服務創造出來；**三、「溝通」（或「傳播」）**顧客價值就是把產品或服務對顧客的價值傳播給顧客；**四、「交付」**顧客價值就是把產品或服務交付給顧客，這個過程可能涉及企業的通路和分銷，否則產品不會自動跑到顧客手裡。在顧客接收到產品或服務後，顧客對產品或服務品質的感知將決定他們是否滿意，以及是否會有口碑的傳播。

接下來，我就用ROSEONLY（諾誓）的案例來詳細說明企業如何識別、創造、溝通和交付顧客價值。玫瑰這個產品可以說是隨處可見，很多花店的老闆都希望自己的玫瑰能賣得多、賣得貴，但是大多數花店的玫瑰只能賣幾塊錢一朵。然而，在北京有一個二〇一三年創立的玫瑰品牌ROSEONLY，能把玫瑰賣到至少九百九十九元人民幣一束，還賣得非常火，在全國很多城市都開了分店。那麼，ROSEONLY是如何做到這一點的呢？

一、識別

首先，我們要識別顧客價值：顧客到底是買什麼？如果你是一個花店老闆，卻回答不出來這個問題，那你就不是一個合格的花店老闆。很多人說，不就是買花嗎？然而實際上遠非如此。如果就是單純買花，那麼你本來要買給女朋友的玫瑰，可不可以改成菊花呢？

我估計，如果你真的買一束菊花送給女朋友，那你很可能會得到女朋友打過來的一個耳光：「你這是在詛咒我啊！」（菊花在中國文化中代表對亡者的祭奠）由此可見，每種花對顧客來說都有著獨特的意義。比如，玫瑰代表的無疑是愛情，那麼買玫瑰自然就是為了獲得或維持愛情。

但僅識別出這一點是不夠的，因為這是每個人都能看到的表面含義，還需要進一步挖掘。我們如果從使用場景分析就會發現，人們購買玫瑰，通常是在要向心儀之人求愛的時候，用送玫瑰的方式，來表達對對方的愛慕之情，從而提高求愛成功的概率。

這時，問題來了：男人手捧一束玫瑰去向女人求愛，真的就能夠成功嗎？答案當然是否定的，因為女人最看重的並不是男人手裡有沒有玫瑰，而是這兩點：第一，這個男人要優秀；第二，這個男人要專一。

為什麼是這兩點呢？這是人類幾百萬年來演化形成的。選擇一個優秀的配偶不難理解，因為誰都希望自己的配偶優秀，只有這樣才有更大的可能讓自己的下一代有更好的基因。同時，女性還希望男性專一，這是由於男女兩性在生理結構和生育成本上存在巨大差異。與女性要十月懷胎相比，男性的生育成本基本可以被忽略，所以一般都是男性去追求女性。而女性的生育成本非常高：一旦懷孕，在接下來的十個月乃至很多年裡，她就要承擔生孩子和養孩子的責任。這個時候，沒有男性的支持，特別是在生產力不發達的原始社會，女性就很難找到足夠的食物，甚至還會遇到各種危險。所以，女性在擇偶的時候除了要求男性優秀，往往還要求男性專一，要能夠和她一起養育後代。

現在，雖然我們的生活已經很發達了，女性也不再像以前那樣需要依賴男性才能生活，但是這個擇偶習慣已經深深地刻在了每個人的基因當中。回到玫瑰的問題上，一束普通的玫瑰顯然並不能夠真正有效地幫助男人追求到心儀的女人。因為，玫瑰雖然能表達男人對女人的愛慕之情，但並不能保證這個男人是優秀和專一的。所以，大部分花店也沒有辦法把玫瑰賣得很貴。而ROSEONLY之所以能夠把一束玫瑰花賣到至少九百九十九元人民幣，而且賣得很火，正是因為識別出了這一點，從而創造了與眾不同的顧客價值。

二、創造

在識別出顧客價值之後，行銷本質裡非常關鍵的第二步就是創造顧客價值。ROSEONLY已經識別出了買玫瑰就是為了追求愛情，但是普通的玫瑰並不能代表一個男人的優秀和專一，於是它就創造了一種獨特的玫瑰。

首先，ROSEONLY玫瑰透過高定價而成為男人優秀的一種象徵。ROSEONLY玫瑰品質很高，基本上都是從厄瓜多爾等外國進口的，定價也很高，官網定價最低九百九十九元（諧音「久久久」），還有更高的一千三百一十四元（諧音「一生一世」）、一千五百二十元（諧音「我愛你」）、一千九百九十九元、二千九百九十九元、三千九百九十九元等，最高的甚至達到七千九百九十九元。顯然，能買這麼貴的玫瑰的男人，更容易給人一種優秀的感知形象。這就如同很多人在見合作夥伴談生意時，選擇五星級酒店而不是經濟型酒店一樣，或選擇開奧迪等豪華車而不是奧拓等價格低廉的汽車一樣，價位也是經濟實力的一種象徵。

其次，ROSEONLY透過技術手段，賦予了自己代表男生專一的含義。跟大家分享一個發生在我身邊的真實故事（這個故事是我在課堂上講述ROSEONLY案例的一部分，沒想到我的講課片段被錄影剪輯放到網上後，這個標題為「二手玫瑰」的短視頻竟有超過六千萬人次觀看。還沒觀看的朋友們可關注我的視頻號「清華鄭毓煌講商學」觀看）。

我在清華大學讀書的時候，同宿舍有個非常要好的同學，他喜歡上了清華的校花。我這個同學的家庭條件和長相都一般，所以我勸他別去追校花了，以免浪費時間和精力。但是，這個同學「不到黃河心不死」，決定在畢業之前一定要表白一次。

於是，在畢業前的一個晚上，這位同學花了幾百元，買了一大束玫瑰去向校花表白。結果可想而知，校花直接就拒絕了。看到他垂頭喪氣地回來，我安慰他：「兄弟別鬱悶，天涯何處無芳草！再說了，你今天晚上這一大束玫瑰要花好幾百元呢，而你平時連個雞腿都捨不得吃，浪費了太可惜，趕緊送給別的女生吧，不然明天花就要枯了！」當時，他正好在氣頭上，問：「那送給誰呀？」我就慫恿說：「你看，有個女生平時好像對你有點意思，就趕緊送她吧！」我這麼一慫恿，結果他真的就出去了，一路衝到女生宿舍樓底下，把這一大束玫瑰獻給了那個女生。而這個女生本來就對他有意思，所以在看到這一大束玫瑰時感動得熱淚盈眶，當場就答應做他的女朋友。後來，他們兩個人都去了美國留學和工作，到現在已經結婚二十多年了，還有了兩個孩子，生活得非常幸福。而我每次去美國出差經過他的城市時，都會敲他的竹槓：「趕緊請我吃最貴的牛排，米其林三星的大餐！」他說：「憑什麼？」我說：「就憑當年那束玫瑰！你要是不請我吃，我就告訴你太太，當年那束玫瑰是二手的。」

由此可見，玫瑰並不能保證男人專一。然而，ROSEONLY玫瑰與其他玫瑰不同，ROSEONLY網站和App要求所有用戶在第一次註冊時，必須指定愛人的姓名。也就是說，ROSEONLY要求男性用戶承諾這輩子只能送玫瑰給一個女人，如果你將來要送玫瑰給別的女人，那ROSEONLY平台就會拒絕你購買。所以，ROSEONLY創造了「一生只愛一人」的品牌內涵——男人購買ROSEONLY的專一承諾。大家知道，承諾是非常重要的，訂婚、結婚等各種各樣的儀式，其實都不在於吃吃喝喝，而在於當著公眾的面做了一個重要的承諾。我經常跟女生說，如果妳的男朋友不願意帶妳去見他的家人，也不願意帶妳去見他的朋友，那這個男生就不值得交往，因為他不敢在公眾面前對妳做出承諾。ROSEONLY玫瑰確實做到了與其他所有玫瑰不同，男生購買ROSEONLY玫瑰就代表他做出了「一生只愛一人」的專一承諾。

三、交付

我們再來看看ROSEONLY玫瑰是如何交付顧客價值的。在北京，ROSEONLY曾經雇用金髮碧眼的外國男模送花，甚至是開著寶馬MINI前去送花。想像一下這樣的求愛場面——穿著黑禮服白襯衫的外國男模開著豪車上門送ROSEONLY玫瑰給女生，再加上ROSEONLY玫瑰代表的「一生只愛一人」的專一承諾，滿足了很多女人對男人優秀和專一的需求，男人求愛的成功概率就提高了。很多女人在收到ROSEONLY玫瑰時都感動得熱淚盈眶，當場答應成為對方的女朋友。大家認真想想，九百九十九元的玫瑰似乎顯得很貴，但幫助男人順利獲得愛情，九百九十九元還貴嗎？一點兒都不貴。

四、溝通／傳播

最後，我們來看看ROSEONLY玫瑰是如何溝通和傳播的。很多人說到溝通和傳播，就會想到電視廣告。然而，電視廣告的費用非常高，動不動就要幾千萬元甚至上億元，而且投放得並不精準。其實，現代行銷的傳播方式非常多，而且很多是低成本甚至零成本的。ROSEONLY主要透過小紅書、抖音、視頻號、微信朋友圈等社交媒體進行傳播，還邀請年輕人非常喜愛的明星擔任品牌代言人。其中，微信朋友圈等用戶自發傳播的效果不可小覷，不僅幾乎零成本，而且效果非常強大——因為用戶的朋友圈都是比較類似的同齡人，投放更加精準。ROSEONLY玫瑰那麼高的定價，那麼獨特的交付方式，那樣的一種求愛場面，本身就具有很強的傳播屬性，自然就會引起現場「吃瓜群眾」拍照並在朋友圈傳播。假如每個人的微信通訊錄平均有三千個好友，只要現場有二十人發朋友圈，那就相當於至少能觸達六萬人，這比大多數雜誌的年銷量都高不少。於是，ROSEONLY這個品牌就廣為人知了。

分析完ROSEONLY的案例，我們可以發現，ROSEONLY很好地運用了行銷本質的八個字，對顧客價值的「識別」「創造」「溝通」「交付」都做得非常好，這也正是它能夠把玫瑰賣到九百九十九元甚至更貴，還賣得非常火的原因。單單是二〇一六年情人節一天，ROSEONLY的銷售額就接近一億元人民幣。自二〇一三年ROSEONLY品牌創立之後，ROSEONLY在全國迅速發展，目前一共有三十家店鋪，覆蓋二十個城市。

行銷的目的：如何讓推銷變得多餘？

彼得．杜拉克曾經對行銷下了一個非常獨特的定義：「行銷的目的是讓推銷變得多餘。」這句話聽起來似乎不可思議，但事實上確實有企業能做到這一點。接下來我就舉幾個國內外企業的案例，看看它們究竟用了什麼樣的行銷模式，成功地讓推銷變得多餘。

一、Costco超市

美國倉儲式連鎖超市Costco（好市多）是透過行銷讓推銷變得多餘的一個經典案

例。一九七六年，全球第一家採取會員制的倉儲批發俱樂部Price Club在美國加州聖地牙哥成立。一九八三年，Costco會員制倉儲批發公司在美國華盛頓州西雅圖成立。一九九三年，兩家公司合併為Price Costco公司，並在一九九八年正式改名為Costco。如今，Costco在全球零售業中排名第二，僅次於沃爾瑪。二〇二一財政年度，Costco的營收高達一千九百五十九億美元，在二〇二二年《財星》（*Fortune*）全球五百強中位列第二十六（高於中國銀行、京東、華為、阿里巴巴、中國移動、騰訊等）。

雖然Costco的門市主要集中在美國，在全球的名聲沒有沃爾瑪大，但是Costco卻是沃爾瑪最害怕的一個競爭對手，因為它的成長率和顧客滿意度都遠超過沃爾瑪。那麼，Costco的行銷祕訣究竟是什麼？我們如果認真分析一下，就會發現Costco的行銷祕訣其實很簡單，就在於三個關鍵字：優質、低價、至高無上的服務。

第一，優質。與沃爾瑪相比，Costco的商品品質更高。沃爾瑪的商品品質一般，比較大眾化，而Costco則對商品精挑細選，每一個商品類別只提供兩三個優秀的品牌，品質都非常好。對廣大消費者來說，這大大避免了他們的「選擇困難症」

因此Costco受到了美國廣大中產階級消費者的歡迎。試想一下，如果你買一瓶牛奶，要面對超市貨架上三十個品牌的選擇，那是非常痛苦的，會浪費你大量的時間。而如果超市提前替你精挑細選了兩三個優秀的品牌，你的購買過程將會簡單得多。

第二，低價。Costco堅持商品銷售毛利率不高於百分之十四。更關鍵的是，這不是被動行為，不是因為競爭激烈導致毛利率下降，而是Costco主動把毛利率降到基本上不賺錢的水準。做過生意的人都知道，這是非常低的毛利率。如果你開一家小商店賣礦泉水，進貨的價格是一瓶零點八六元，但是你對外賣的價格只有一元，那麼加上商店的租金和人工成本的分攤費用之後，你肯定是會虧錢的。由此可見，Costco確實完全不靠賣貨賺錢。

第三，至高無上的服務。美國零售企業的服務水準通常都不錯，大多數商店都允許顧客無理由退貨：有些企業允許顧客七天之內無理由退貨，有些企業允許顧客一個月之內無理由退貨，還有些企業甚至允許顧客三個月之內無理由退貨。那麼，Costco能有什麼樣的至高無上的服務水準呢？原來，Costco不僅允許顧客無理由退貨，最關鍵的是，它不設定退貨的期限（個別類別商品除外）。換句話說，就算消費者在半年甚至一年之後想退貨，Costco也會同意。這是不是很不可思議？

我在美國留學和工作的時候，也是Costco的忠實會員，基本上每個週末都會去Costco購物。那時，我經常看到美國當地的消費者在Costco退各種各樣的商品，而Costco基本上不會設置任何退貨的障礙。例如，我曾經看到有消費者去退一個大西瓜，Costco的員工問：「你為什麼不喜歡這個西瓜？」那個消費者居然回答：「這西瓜不甜！」

消費者把西瓜買回家切開，嘗一口發現不甜，居然都可以把西瓜退掉，Costco的服務高到這種水準，消費者還會有後顧之憂嗎？而當消費者面對Costco的優質、低價及至高無上的服務，徹底沒有後顧之憂時，他們還有什麼理由不在Costco買東西呢？

剛才說過，Costco不靠賣貨賺錢，那麼問題來了：Costco作為一家企業靠什麼賺錢呢？認真分析之後，我們會發現，Costco獨特的商業模式在於，它不靠銷售貨物來賺錢，而主要靠會員費賺錢：Costco是倉儲式零售超市，所有到Costco購物的消費者，每年需要交五十五美元左右的會員費。

消費者的心理很有意思，如果交了會員費而不去Costco買東西，消費者就會覺得自己虧了，而如果經常去Costco買東西，消費者就會覺得，這五十五美元的會員費交得實在太值了，因為只要多買一些優質低價的商品就賺回來了。Costco正是巧妙地利用了消費者的這種心理。同時，Costco的商品品質非常優秀，價格非常低，服務又非常好，因此，五十五美元的會員費在大多數消費者心裡並不是一筆太高的費用。依靠這樣的策略，Costco在全球吸引了很多會員。

我們不妨一起來看一下Costco的財務資料。二〇二〇年，Costco的銷售額高達一千六百三十億美元，其中會員費收入大約是三十五億美元，會員費收入跟銷售額比起來很低。但是有趣的是，Costco的淨利潤大約是四十億美元。換句話說，儘管Costco的銷售額高達一千六百三十億美元，但是它賣商品基本上不賺錢，僅僅是保本而已，它的淨利潤幾乎全部來自會員費收入。Costco在全球擁有五千九百萬個會員家庭，而且每年的會員續費率是百分之九十，這樣的顧客數量，這樣的續費滿意度，說明Costco真正做到了透過行銷讓推銷變得多餘。

二、Costco對小米的啟示

中國著名企業家、小米公司創始人雷軍經常在他的演講當中感謝Costco。為什麼感謝？因為雷軍創辦小米公司就是受到了Costco的啟發。

雷軍有一次去美國出差旅遊，想買一些保健品回來送親戚朋友，於是他就去了著名的Costco。進了Costco，雷軍發現那些保健品的品牌和產品與外面商店裡的一樣，價格卻低很多，他感覺有些不可思議：怎麼有一家商店的價格可以這麼低？

於是，雷軍就把Costco這種行銷策略學走了。二〇一〇年，雷軍創辦了小米，把同樣的行銷策略跨界應用到智慧手機領域。

二〇一一年，雷軍在第一次發布小米手機的時候說：「做全世界最好的手機，只賣一半的價錢，讓每個人都買得起。」當時，小米賣手機確實不賺錢，蘋果手機五千多元人民幣一支，但是小米手機只賣一千九百九十九元人民幣，是中國第一款售價在二千元人民幣以下的智慧手機。

正因為小米手機性價比超高，所以很多買不起蘋果手機，又希望有一支高品質智慧手機的消費者，紛紛購買了小米手機。二〇一一年八月，小米手機第一次正式發布，很快被預訂了三十萬支，三個月後正式售出（訂單取消或退貨的不計算在內）的有十八萬四千六百支。第一代小米手機取得了巨大的成功。

十年之後的現在，小米已經成功發展成為一家《財星》全球五百強企業，二〇二一年，小米營收高達三千二百八十三億元人民幣。二〇二一年第二季度，小米手機的全球市場占有率更是超過了蘋果，僅次於三星。二〇二一年八月十日，在雷軍的年度主題演講活動上，雷軍出人意料地宣布，為感謝過去十年來用戶的支持，決定對十年前的首批用戶每人贈送一千九百九十九元紅包，總金額正好是十年前小米第一代手機的首批訂單收入三點七億元。

雷軍一直非常感謝Costco的行銷策略對小米的啟發，本質上，小米的行銷策略和Costco的非常類似：採用性價比高的行銷策略，先透過不賺錢或賺錢很少的手機圈住大量的用戶，再透過提供互聯網服務和生態圈周邊產品如手機充電器、小米智慧音箱等賺錢。

二〇一八年的小米財報顯示，小米手機硬體的毛利率僅為百分之六，淨利率不到百分之一，但其互聯網服務的毛利率超過百分之六十。這裡的互聯網服務包括廣告收入、內建App的收入等。換句話說，當小米手機有上億的用戶時，儘管小米賣手機不賺錢，但它可以透過做廣告和內建App等其他收費模式賺錢。這也就是我們平時經常聽到的很多互聯網公司「羊毛出在豬身上」的商業模式。

事實上，這種商業模式並不新穎，傳統的媒體公司如電視臺一直都採用這樣的商業模式：免費提供電視節目給觀眾觀看，儘管觀眾無須付費，但是由於電視臺有了大量觀眾，就有廣告商願意付費。

三、海底撈火鍋：如何做到顧客盈門、大排長龍？

一九九四年，二十四歲的貧窮工廠職工張勇在四川開了一家麻辣燙路邊攤，一開始並不是很成功。後來，張勇開了他的第一家海底撈火鍋店。到二〇一〇年，張勇已經在全中國擁有四十多家海底撈火鍋店，員工總數超過一萬人，收入達十億元人民幣。海底撈在中國獲得了許多國家級和地方級榮譽，包括由各地政府或行業組織、消費者協會及顧客點評網站授予的「最佳服務飯店」、「二十家最火的飯店」之一、「全國前十家火鍋店」之一等稱號。截至二〇二二年十一月二十五日，海底撈火鍋已在中國擁有大約一千五百家門市，市值高達七百七十一億港元，成為中國市值第一的餐飲企業。

在競爭異常激烈的餐飲業，特別是火鍋行業，海底撈成功的祕密是什麼？作為一個新加入者，海底撈面對的是許多像東來順這樣的老字號火鍋餐廳。從一開始，海底撈火鍋就專注於提供唯一而獨特的客戶服務。海底撈的服務理念十分清晰——服務第一、顧客第一，它致力於在服務上超過它的競爭對手。為了避免火鍋湯底溢出來或濺到顧客身上，像東來順這樣的老字號火鍋店都是幫顧客把上衣套起來，海底撈則會更貼心地供應圍裙和袖套，並且提供眼鏡布和髮圈。此外，透過額外的服務和諸如免費飲料、水果和小禮品等驚喜，顧客備受關愛。滿意的顧客頻繁地重複光顧這家店，好口碑又會吸引新的顧客。

成功的餐廳一般都會遇到排隊問題，長長的等候佇列經常使顧客感到不耐煩。透過向等位的顧客提供足夠的座席、免費的零食和茶水，海底撈使等位過程變得更加舒適。海底撈還提供洗頭、美甲和擦鞋這樣的免費服務。等位的顧客還可以免費打牌或下棋。儘管大多數餐廳一般在晚上九點或十點後就會空下來，但海底撈到深夜都一直客滿。好口碑吸引了許多顧客來體驗海底撈提供的獨特服務。

海底撈還利用它的服務團隊使顧客對就餐留下良好印象，服務員們誠摯又熱情。許多飯店的服務員經常引導顧客點過多的菜或向他們推薦貴的菜，但在海底撈，服務員會告訴顧客每天的特價菜並在點菜過量時提醒顧客。海底撈服務員總是在顧客召喚時很快來到，並且當顧客點麵條時，服務員會表演一種特殊的「麵條舞」。

張勇相信提供優質服務的唯一途徑是令餐廳員工得到內在的激勵。為了達到這個目的，他努力瞭解員工需求並使他們感到滿意。在中國，大部分餐飲行業的員工都來自農村的貧困村鎮；眾所周知，服務員的工作收入低、福利少且流動性高。張勇則有著不同的理念。海底撈給所有員工提供多種福利：醫療津貼、孩子的教育補助，以及配備有二十四小時熱水供應、空調和無線互聯網的免費宿舍。結果海底撈員工的流動率只有百分之十，遠低於餐飲行業平均百分之三十的流動率。

此外，在海底撈，服務員受到高度賦權，可以自主決定給顧客一定的就餐折扣。這些規章使海底撈的員工們感到自己是餐廳的老闆。因此，他們經常為提高客戶服務提供建議。那些在海底撈用心工作的員工可以獲得職業發展機會。例如，有一個海底撈員工從服務員做起，後來成為領班、經理，現在已經是海底撈的一名區域總經理。他在北京買了公寓，實現了自己的人生夢想。早在二〇一〇年，張勇就成立了「海底撈大學」向員工們提供職業發展教育，這是中國餐飲業第一家此類機構。

行銷短視症：看不見的敵人最可怕

一、需要、欲望和需求

菲利浦．科特勒曾經對行銷做了這樣的定義：「行銷就是在滿足顧客需要的同時創造利潤。」這個定義聽起來很抽象，到底什麼是「顧客需要」？事實上，除了「顧客需要」這個詞，我們還經常聽到「顧客欲望」、「顧客需求」等不同說法。讓我們先來好好分析一下需要（needs）、欲望（wants）和需求（demands）之間的不同。

很多朋友會問：「我是來學行銷的，不是來討論中文詞語的細微差別的，為什麼要瞭解這三個詞的不同呢？」其實原因很簡單：任何人買任何一種產品都不是為了產品本身，而是為了產品背後的利益和目的。因此，顧客需要就是我們購買的產品背後所滿足的根本利益和目的。

那麼，這三個詞究竟有什麼不同呢？

1. 需要和欲望的區別

我經常在課堂上向學生提問：需要和欲望這兩個詞有什麼不同？很遺憾，即使是清華的學生，大多數也都無法正確回答。

很多人會說：「需要是基本的，而欲望是更高級的。」事實上，需要與欲望之間的區別並非基本與高級的區別。

根據著名心理學家亞伯拉罕・馬斯洛（Abraham Maslow）的需要層次理論，人的需要是分層次的：最底層的需要是生理需要（例如溫飽），然後是安全需要、社會需要、尊重需要，而最高層次的需要則是自我實現。在這些需要裡，最高層次的實現自我價值很顯然並非人們的基本需要。由此可見，需要並不一定是基本的。

那麼，需要和欲望之間究竟有什麼區別？我的回答是：顧客需要就是人們購買的產品或服務背後所滿足的根本利益和目的，而欲望是滿足顧客需要的一種具體形式；換句話說，需要和欲望之間的區別是抽象和具體的區別。這麼說，可能很多人還是會覺得難以理解。接下來就舉一個例子來幫助大家弄清需要與欲望的區別。

我們每個人都會口渴，解渴就是一種需要。解渴的東西多不多？非常多。大多數人首先想到的就是水，而水可以分為很多種，比如自來水、飲用水、開水、礦泉水、純淨水、蒸餾水等。除了水之外，各種飲料也可以解渴，包括豆漿、牛奶、果汁、茶、咖啡、啤酒等。

這時，解渴這一需要對應的欲望是什麼呢？記住，欲望是滿足需要的一種具體形式，因此，解渴這一需要對應的欲望就是到底喝什麼來解渴，不僅要具體到一種產品類別，還要具體到品牌。例如你口渴了，到小賣部想買瓶飲料解渴，那麼你具體想喝什麼？如果你的回答是礦泉水，由於礦泉水就有幾十個品牌，售貨員一定還會問：「請問您要喝哪一個品牌的礦泉水？」有時，欲望具體到品牌可能還不夠，還要具體到包裝的大小。例如，你到小賣部想買一瓶農夫山泉礦泉水，那麼，你是要買五百五十毫升的大瓶農夫山泉礦泉水，還是要買三百八十毫升的小瓶農夫山泉礦泉水呢？由此可見，欲望是滿足需要的具體形式。

在上面這個例子裡，解渴是需要，而喝一瓶三百八十毫升的小瓶農夫山泉礦泉水就是一種具體的欲望。

2. 需要、欲望和需求的關聯

瞭解了需要和欲望的差別，我們再來看什麼是需求，以及需要、欲望和需求的關聯。不同於需要和欲望，需求是面對一種可以滿足需要的產品／服務（欲望）及其價格，有多少顧客願意花錢來購買這種產品／服務。

經濟學上有一個著名的價格需求定律：價格提高了之後，需求就會下降。比如說一位消費者現在口渴了，有解渴的需要，這時市場上有各種各樣的飲料可以滿足這位消費者解渴的需要，這些不同的飲料就對應不同的欲望。由於不同飲料的價格不一樣，消費者買它們的可能性是不一樣的。例如，買一瓶農夫山泉礦泉水，只需要二塊錢，大多數人都願意買；如果是一瓶十五塊錢的依雲（evian）礦泉水，很多人可能就捨不得買。所以，不同的價格對應不同的需求。農夫山泉和依雲都是礦泉水，哪一個的需求更大？顯然是農夫山泉的需求更大。這符合經濟學的價格需求規律。

這裡有一個非常有意思的現象：很多人都覺得高價一定是暴利，能賺很多錢。事實上，每賣一瓶水，依雲賺的錢確實比農夫山泉多，也就是依雲的毛利比農夫山泉的毛利高。然而，由於價格不同導致需求不同，農夫山泉在中國至少有幾億人在喝，而在中國喝依雲的人就少很多，畢竟願意掏十五塊錢去喝一瓶水的人是少數。所以，從總收入的角度來看，在中國，農夫山泉賺的錢遠遠多於依雲。現在我們就能明白，為什麼農夫山泉的老闆鐘睒睒能成為中國首富，擁有的財富甚至一度超過巴菲特而排名全球第六，而依雲的老闆卻沒有辦法做到這一點。所以，與需要或欲望不同，需求是考慮到價格之後，到底有多少人願意掏錢來買。

再舉一個例子。假設你辛苦學習或工作了一個星期，到了星期五晚上，你希望休息、放鬆、娛樂一下。這時候，你的需要就是娛樂。而能滿足你的娛樂需要的產品或服務（欲望）有許多種，其價格也各不相同。接下來，我們一起來分析一下不同的產品或服務形式和不同的價格，會導致需求有何不同。

第一種，花一千元去你所在城市的大劇院看一場演出，例如音樂會或話劇。這時你會發現，去看的人可能不多，因為一千元這個價格很高，音樂會或話劇這種產品又比較「陽春白雪」，因此需求非常低。所以，音樂會或話劇基本上很難賺到錢，很多演出甚至是賠錢的。

第二種，如果我們把一千元的價格往下降到一百元，你會發現一百元可以做不少事情來滿足人們的娛樂需要。例如，花一百元可以在很好的電影院看一場電影。儘管前面說過一千元的演出可能根本賺不了錢，但是一百元的電影可能會賺十億，為什麼？因為一百元這個價格比較便宜，所以需求更大，而且電影比較通俗和大眾化，看電影又非常方便（很多人的家附近就有電影院），所以看電影的需求很大，遠遠大於到劇院看演出的需求。

第三種，你可能覺得一百元的電影票不貴，但是有些人會覺得貴，比如去一線城市打工的民工。他們遠離家鄉和親人，到北京、上海等大城市的建築工地上做民工，對於辛苦掙來的錢，他們是捨不得花的，因為他們希望春節回老家時把錢全部帶回去。然而，民工也有娛樂需要，那他們怎麼解決？這時你會發現，雖然他捨不得花一百元去看一場電影，但是他可能捨得每天花一塊錢（一年花三百六十五元）買一個視頻網站的VIP（高級會員）。在視頻網站上，他們可以看無數的電影和電視劇，當然最新的電影可能不在上面，但是幾個月後他們就能看到。儘管每天一塊錢看起來很少，但事實上這可能比某部電影賺的錢多。因為，每個人每天一塊錢（很多時候還有折扣等優惠），儘管非常便宜，但是需求可能非常大。例如，騰訊、愛奇藝等視頻網站的會員都超過一億人，這些視頻網站每年光視頻會員的會費收入就高達數百億元，而中國還沒有哪部電影的票房高達百億元。所以，千萬不要小看便宜的產品，它們的需求可能非常大。

第四種，前面說的每一個產品，不論是一千元的劇院演出、一百元的電影，還是每天一塊錢的視頻網站會員，都要花錢買，那有沒有人連一塊錢都捨不得掏？當然有了。那麼，這些人怎麼滿足他們的娛樂需要呢？有大量免費的東西。例如，很多人都喜歡看抖音、快手、微信視頻等短視頻平台的視頻，不用花一分錢，也可以滿足自己的娛樂需要。由於是免費的，這種短視頻平台的需求比視頻網站的需求更大。例如，騰訊視頻的會員超過一億人，而抖音的日活躍用戶已超過六億人。

儘管抖音無法利用短視頻本身收費賺錢，但是抖音可以賺廣告費。整個字節跳動公司（包括抖音、今日頭條等App）在二〇二〇年的總收入是二千多億元人民幣，主要都是廣告費，該公司的估值也因此高達四千億美元。

3. 識別顧客需要

現在，我們就能理解為什麼菲利浦．科特勒會說「行銷就是要在滿足顧客需要的同時創造利潤」了。因為，需要才是顧客購買產品或服務背後最根本的利益和目的。消費者買水是為了水嗎？不是，是為了解渴。請大家時刻記住這一點：世界上有成千上萬種飲料都可以解渴，不同的價格就會導致不同的需求，從而導致企業賺的錢不一樣。

明白了識別顧客需要的重要性之後，問題來了：你的企業的產品或者服務滿足的顧客需要是什麼？舉個例子，一輛汽車滿足的顧客需要是什麼呢？有人會說，車是用來代步的，車滿足的肯定是消費者出行代步的需要。其實，答案並沒有這麼簡單。因為，車滿足的並不僅僅是代步的需要——經濟型汽車滿足的確實是代步的需要，但是豪華汽車除了滿足代步的需要，還滿足了顧客對身分認同或面子的需要。

在二十世紀初的美國，福特T型車剛剛出來的時候，其滿足的需要就是交通代步。

福特T型車是全世界第一款大規模流水線生產的汽車。流水線極大提高了生產效率，降低了生產成本和價格，因此大多數美國中產階級家庭都買得起福特T型車，該車型的市占率一度高達百分之五十。但是，當福特汽車的競爭對手通用汽車旗下的凱迪拉克豪華汽車出場之後，很多人就發現開豪華汽車更有面子。所以，凱迪拉克豪華汽車滿足的除了顧客代步的基本需要，還有顧客對面子和身分認同的需要。

識別顧客需要對企業有什麼幫助？簡單來說，企業的行銷就可以做得更有針對性，生意也就容易發展得更好。例如，都是豪華汽車的顧客，但不同顧客的需要也會不同。如果顧客是一個中小企業的老闆，這時在行銷溝通中就不僅要強調車的性能和品質，更重要的是要強調該豪華汽車對老闆的助益：「您看，這車不僅品質好，乘坐舒適，關鍵是開出去有面子，如果是去機場接客戶或者送合作夥伴去機場，開這車還會提高客戶對您實力的認可，更容易簽單。」這種情況下，賓士、寶馬、奧迪、保時捷等豪華汽車品牌就會更加符合這位顧客的需要。

然而，如果顧客是一個富裕家庭裡剛剛懷孕的年輕媽媽，這時行銷溝通要強調的就應該是安全性能：「您看，這車是所有豪華汽車中安全性能最好的，是以安全聞名全球的品牌，最受全世界的準媽媽信賴。」這種情況下，富豪（Volvo）就會更加符合這位孕婦的需要。再如，即便都是賓士豪華汽車，也有大標賓士車和小標（立標）賓士車等不同的系列。大標賓士車更運動風、更年輕，小標賓士車更商務風、更穩重。當你瞭解到一個潛在顧客買賓士車的主要目的是接送生意上的VIP（貴賓）客戶和合作夥伴時，推薦小標賓士車就更加合適。

二、行銷短視症

有的人可能會覺得洞察顧客需要非常簡單。事實上，這是一個很大的誤區。企業做行銷容易因為無法洞察顧客需要而產生一個致命的問題——「行銷短視症」。

二十世紀六〇年代，哈佛商學院教授希歐多爾．萊維特在《哈佛商業評論》（*Harvard Business Review*）上發表了〈行銷短視症〉（Marketing Myopia）一文，該文成為《哈佛商業評論》歷史上最有影響力的文章之一。幾十年來，〈行銷短視症〉一文已經售出超過八十五萬份重印版。要知道，在《哈佛商業評論》重印一份都要交大約十美元的費用。〈行銷短視症〉一文售出超過八十五萬份重印版就意味著，這篇文章光靠重印就獲得了數百萬美元的收入，非常不可思議。

那麼，希歐多爾．萊維特教授在這篇重磅文章裡提到的「行銷短視症」到底是什麼呢？簡單來說，「行銷短視症」就是企業過於關心自己的產品或服務，而忽視了顧客購買企業產品或服務背後真正想滿足的需要。在希歐多爾．萊維特教授的這篇文章裡，有一句非常經典的論述：「如果顧客買了一個打孔機，事實上他需要的是牆上的那個洞，而不是打孔機。」

美國有一家非常優秀的打孔機企業，它生產的打孔機品質非常好，十年都用不壞。這家企業在美國的市場做得非常好，市場占有率高達百分之九十。那麼問題來了，這家企業的打孔機在美國還有市場成長的空間嗎？沒有了，這家企業已經占據幾乎全部的市場，而且它生產的東西品質好，十年都用不壞，顧客基本上不會來換新的打孔機。所以，這家企業就陷入了成長的困局，怎麼辦？

在美國市場飽和之後，這家企業決定去全球其他市場發展，包括人口大國中國和印度等。然而，當來到中國市場後，這家企業卻發現它的打孔機根本無法像在美國市場那樣賣到千家萬戶。為什麼？

是中國市場不夠大嗎？不是。中國是有著十四億人口的大國，而且中國人喜歡買房子，買的還都是毛坯房，需要自己裝修。

這麼看來，中國市場確實很大。

是價格太高嗎？不是。這家企業考慮到了中國人的家庭收入比美國低這樣一個事實，所以把打孔機在中國市場的價格往下調了。在美國，這家企業的打孔機大約是五十美元一台；在中國，這家企業把價格定在二百元人民幣左右，比美國便宜不少。

是中國市場競爭對手的打孔機太厲害嗎？事實上，這家企業的打孔機品質比大多數中國市場競爭對手的打孔機更好，價格也差不多。

那麼，究竟是什麼原因導致這家企業的打孔機在中國市場無法像在美國市場那樣賣到千家萬戶？原因其實很簡單。在中國，大多數消費者找到了一種替代的方式：消費者自己並不需要買打孔機，而是雇人來打孔，甚至是免費打孔。

為什麼大多數中國消費者可以雇人來打孔，而大多數美國消費者卻要自己打孔？難道美國人天生就那麼勤奮，喜歡自己動手打孔嗎？當然不是。事實上，這主要是因為中美兩國的國情不同。在美國，人工成本非常高，雇人上門打孔一次最少都要一百五十美元，遠高於打孔機的價格五十美元，因此普通家庭當然選擇自己買打孔機打孔了，而且以後隨時都可以用到，平時不用的時候就放在家裡的工具間裡。相反的，中國人工服務的成本較低，很多時候甚至免費——房屋裝修公司可能會免費替你在牆上打孔，空調公司派人上門安裝空調時也可能免費給你打孔，即使打孔需要額外收費，通常也就是五十元人民幣左右。當中國消費者可以只花五十元人民幣就雇到一個專業人士來打孔，甚至免費打孔時，又有誰願意買一個二百元人民幣的打孔機呢？

因此，在中國，只有專業打孔的工人需要買打孔機，而這個群體人數並不多，一個工人買一個打孔機就可以去千家萬戶打孔。所以，這家美國公司的打孔機在中國市場的銷量就上不去，沒有辦法像在美國市場那樣賣到千家萬戶。

透過打孔機這個案例，我們可以發現，顧客買打孔機的目的不是為了打孔機本身，而是為了牆上的洞。如果看不到這點，企業就容易忽視顧客的深層次需求，而出現行銷短視症。

行銷短視症的代價非常大，可能導致企業甚至整個行業的衰敗。在人類的商業歷史上，有很多著名的企業都曾遭遇行銷短視症。其中，最著名的案例之一就是柯達公司。

柯達公司由膠捲發明人喬治・伊斯曼（George Eastman）於一八八〇年創立，是全世界最知名的膠捲品牌之一，曾經與可口可樂、麥當勞一起被視為美國最具代表性的品牌。在鼎盛時期，柯達公司在全球雇用了十四萬五千名員工，一九九七年二月，柯達公司的市值高達三百一十億美元（比較一下，當時蘋果公司的市值僅為二十三億美元左右）。

然而，二〇一二年一月，百年品牌柯達卻在美國提交了破產保護申請。原因很簡單，柯達公司患了行銷短視症：過分重視自己的產品，卻忽略了顧客購買產品背後真正的需要——顧客買膠捲不是為了膠捲本身，而是為了留住美好的記憶。當數位相機也可以幫我們留住美好的記憶時，膠捲自然就無人問津了，所以柯達膠捲很快就被淘汰了。

很多人以為柯達公司是被競爭對手發明的數位相機技術淘汰的。然而事實上，第一家發明數位相機技術的企業正是柯達自己。一九七五年，一個叫史蒂夫・薩森（Steven Sasson）的柯達工程師發明了第一台數位相機。那麼，柯達既然第一個發明了數位相機技術，為什麼不把它做好，反而最後被其他公司打敗了呢？原因也很簡單，在柯達當時的企業領導人眼裡，數位相機技術不值錢，因為當時發明出來的數位相機還很笨重，而且即使將來變成體積小的數位相機，它也是一次性購買就可以使用多年的產品，膠捲則需要消費者每個月甚至每個星期重複購買。從企業賺錢的角度來看，膠捲顯然遠遠好於數位相機，這導致柯達公司當時並不重視自己發明的數位相機技術。然而，等到別的競爭對手也研發出數位相機技術並在市場上推廣時，柯達公司已經來不及轉型並追趕上競爭對手了，最後不得不走上申請破產保護的道路。

行銷短視症導致企業破產甚至行業落敗的例子非常之多。

二十世紀九〇年代中期，摩托羅拉尋呼機的人氣非常火爆，然而短短幾年之後，它就被諾基亞手機替代了。本質上，二者滿足的都是人們溝通的需要，而手機顯然更好地滿足了這一點。

二〇一〇年前後，諾基亞手機又被蘋果智慧手機替代，因為智慧手機不僅可以打傳統的語音電話，還能免費打視頻電話、聽音樂、上網，以及處理很多事務，功能強大有如一台電腦。類似地，二十一世紀前十年，很多開車的人都有一台GPS（全球定位系統）導航儀。然而，現在已經沒什麼人用導航儀了。原因很簡單，導航儀已經被智慧手機替代了。智慧手機提供了免費的地圖導航應用，導航儀只能遺憾地退出歷史舞臺。

又如，儘管數位相機淘汰了柯達膠捲，但是如今數位相機也沒太多人買了。我們很多人都買過數位相機，包括數位單眼相機，尤其是家裡生了孩子之後，很多人會買數位單眼相機記錄孩子的成長。然而，突然有一天，你發現自己上一次用數位單眼相機已經是多年之前了。為什麼？因為智慧手機提供了越來越強的拍照功能，而且方便攜帶，還能夠隨時在社交媒體上分享照片，而數位相機比較笨重，很占空間，也很難進行分享，所以就慢慢陷入了劣勢。如今，只有少數專業攝影師和攝影發燒友才會經常使用被稱為「長槍短炮」的數位單眼相機。

由此可見，任何一種新產品，只要能夠達到相同的目的，而且能夠比現有產品更好地滿足顧客需要，顧客就可能轉向它。

請記住，產品總是容易被淘汰的，而顧客需要（例如解渴、溝通、留下美好記憶等）卻是永恆存在的。只要市場上有一種新的技術、新的產品能夠更好地滿足同樣的顧客需要，舊的產品就很容易被淘汰。

那麼，企業該怎麼做才能讓自己不被淘汰呢？答案很簡單：企業要聚焦於顧客需要，而非聚焦於自家的產品。企業要學會分析各種產品背後所滿足的顧客需要是什麼。甚至，消費者也經常說不出來自己的需要是什麼。因此，洞察顧客需要不僅重要，而且並不容易。福特汽車的創始人亨利・福特（Henry Ford）曾經說：「如果你去問顧客他們想要什麼，他們只會說自己想要一匹更快的馬。」而如果你具備洞察顧客需要的慧眼，你就會發現顧客所說的「更快的馬」並不是真正的顧客需要，真正的顧客需要是更快的交通方式。

所以，企業要聚焦的不是如何尋找更快的馬或者更快的車，而是應該聚焦於如何更好地滿足顧客的交通需要。例如，近年來全球流行的共用出行平台優步、滴滴等都不是汽車製造企業，卻能夠為千家萬戶提供非常方便的出行服務。這些共用出行平台之所以能夠成功，就是因為它們抓住了消費者對交通的需要，而不是致力於找一匹更快的馬或者一輛更快的車。

因此，所有的企業都應該記住，一定要深入理解顧客的需要，只有這樣，企業才有可能立於不敗之地。如果不瞭解真正的顧客需要，企業就會落入行銷短視症的陷阱。行銷短視症曾經導致包括柯達、摩托羅拉、諾基亞在內的許多著名品牌轟然倒塌或者黯然失色。確實，看不見的敵人才是最可怕的，很多企業都沒有看見競爭對手在哪裡，突然有一天就有一個跨界競爭對手殺出來把自己整得人仰馬翻！這是每一個創業者和企業家都要時刻警惕的，也是我們每個人在生活中都要警惕的。

行銷理念：世界百年行銷史的演變

在現代商業歷史上，行銷理念一直處於演變之中。行銷理念的演變已經持續了一百多年，從最初的生產導向，變成後來的產品導向和銷售導向，之後才發展到顧客導向和社會行銷導向。

一、生產導向

歷史上的第一種行銷理念是生產導向（production concept）。生產導向認為消費者最關心的是產品的價格，因此企業的核心是提高生產效率和降低成本，以提供價格低廉的產品。生產導向最典型的案例就是福特T型車。要知道，汽車並不是亨利・福特發明的，而是德國工程師卡爾・賓士（Karl Benz）發明的。因此，賓士汽車的廣告口號是「汽車發明者之車」。然而，雖然卡爾・賓士發明了汽車，但真正讓汽車走入千家萬戶的是亨利・福特，他也因此被譽為「汽車大王」。

為什麼亨利・福特能夠讓汽車走入千家萬戶呢？祕密在於福特汽車公司的流水線生產方式可以大幅降低成本。當時，亨利・福特受到一家屠宰場的啟發（屠宰場將整個屠宰流程分解成一系列專門的步驟，每個工人只負責將其中一個肢解的部位重複切片，使用傳送帶運輸），將這一革命性的流水線生產方式引入福特工廠，最終極大化地提高了福特T型車的生產效率，降低了生產成本。

一九〇八年十月一日，在卡爾・賓士發明汽車二十多年之後，福特T型車終於駛下了工廠的生產線。流水線的生產方式使得T型車與以往的汽車相比，生產成本大幅降低。當時，福特T型車的售價只有八百二十五美元，而競爭對手同類車型的價格是二、三千美元。因此，福特T型車一經推出，就立刻創造了銷量奇蹟。到一九二一年，T型車的產量已占世界汽車總產量的百分之五十六點六。

由此可見，生產導向在當時無疑是非常先進的。然而，以現在的眼光來看，生產導向落後了，早已經被時代淘汰了。為什麼？當時亨利．福特對於其生產的T型車說了一句非常著名的話：「顧客可以將這輛車漆成任何他所想要的顏色，只要它是黑色的。」也就是說，福特T型車為顧客提供的只有一種顏色——黑色。為什麼亨利．福特不向顧客提供五顏六色的車呢？顯然，他也知道每個人有不同的顏色偏好。但是，如果只用一種顏色，那麼生產效率將達到最高，成本將達到最低，價格也可以壓到最低。生產導向現在已經落後，原因很簡單：在產品極大豐富的今天，如果只提供一種顏色，就不能最好地滿足顧客的需要。

非常遺憾的是，生產導向現在仍大量存在於中國的製造業中。中國的珠三角、長三角等地區有大量這樣的製造業企業，它們擅長低成本製造，卻缺乏品牌行銷和技術創新，轉型仍然任重道遠。

二、產品導向

在一百多年前流行的生產導向逐漸被淘汰之後，產品導向（product concept）的行銷理念產生了。與生產導向關注生產效率、成本、價格等不同，產品導向關注的是產品的品質和功能。

產品導向認為，企業應該致力於生產優質產品，並不斷改進，使之日趨完善。例如，我們經常聽到的「互聯網思維」就強調「產品要做到極致」。產品導向看起來完美無缺，難道所有的企業不應該把產品做到最好、做到極致嗎？

事實上，產品導向具有很大的風險。為什麼？顧名思義，產品導向就是以產品或者技術為中心，而不是以顧客為中心。所以，即使產品或者技術可能非常優秀，如果它不是顧客想要的，那麼這個產品也仍會無法暢銷。

因此，產品導向真正的問題在於其沒有聚焦於顧客，而是聚焦於產品或者技術。在這種情況下，企業很容易患上行銷短視症。這樣的企業往往只看到了產品，而忽略了顧客購買這個產品的利益和目的所在，忽略了顧客真正要滿足的深層需要。

在歷史上，有大量的企業和產品都因為患了行銷短視症，最終走向沒落甚至滅亡，柯達膠捲、摩托羅拉尋呼機、協和超音速客機、空中巴士A380等都是典型代表。

三、銷售導向

除了生產導向、產品導向，歷史上還有一種行銷理念叫作銷售導向（selling concept，也叫推銷導向）。銷售導向強調銷售人員的銷售技巧和廣告推廣，認為企業必須主動把產品推銷給顧客。

在全國各地機場的書店裡，你會看到各種各樣關於銷售技巧的暢銷書。然而，銷售導向也是比較落後的。為什麼？因為儘管銷售人員的推銷技巧可能非常厲害，但是其推銷的產品可能無法真正地滿足顧客需要（例如把梳子推銷給禿頭的人）。

換句話說，銷售導向不是從顧客需要出發，而是先有產品再推銷給顧客，所以顧客接受起來比較困難。此外，銷售導向關注的是一次性的交易，並不關心與顧客的長期關係。

在如今的中國市場，仍然有大量的企業處於「銷售導向」階段。產品導向容易導致行銷短視症，銷售導向則容易導致企業忽視顧客權益，甚至欺騙顧客，危害非常之大。以保健品行業為例。在中國，這是一個迄今為止仍然面臨著消費者信任危機的行業。究其原因，與二十世紀九〇年代中國保健品行業的亂象有關。當時，中國的保健品行業有很多著名品牌，如三株口服液、太陽神、中華鱉精等。然而，這些所謂的著名品牌卻都只是各自風光兩三年，之後就迅速跌落神壇甚至倒閉。

以三株口服液為例。一九九四年，五十六歲的吳炳新在濟南創立了三株口服液。由於吳炳新在之前的幾年裡已有推廣保健品「昂立一號」的豐富經驗，這次創業幾乎是一飛沖天。在短短的時間裡，利用刷遍全中國鄉村公路旁邊的牆上廣告（甚至連農村豬圈都不放過），三株口服液聞名全國，很多人把三株口服液當成了包治百病的「神仙水」，銷量與日俱增。一九九六年，三株口服液實現了八十億元人民幣的年收入，創始人吳炳新也因此登上了中國富豪榜。然而，隨著銷量的成長，很多消費者發現三株口服液並不能達到廣告所宣傳的效果，對三株口服液的維權甚至訴訟開始不時發生。也是在一九九六年，湖南常德的一位八旬老漢喝了八瓶三株口服液後意外死亡，家屬隨即將三株集團告上法院。一九九八年，三株口服液被法院判決敗訴，其信譽一落千丈，品牌幾乎在一夜之間轟然倒塌。

與三株口服液類似，太陽神、中華鱉精等許多保健品基本上也都是採用銷售導向的行銷理念，主要靠大量的廣告迅速成為家喻戶曉的「著名品牌」，銷量也迅速占據領先地位。但是，這些「著名品牌」之後往往很快就被媒體或者消費者曝出各種各樣的品質問題，品牌跌落神壇，銷量也迅速下跌，最後甚至覆滅。

四、顧客導向

生產導向、產品導向和銷售導向這三種行銷理念現在都比較落後，在發達國家已經基本被淘汰。然而，在中國的商業現實當中，這些導向仍然廣泛存在。

在這裡，我向所有企業推薦的行銷理念是顧客導向（customer concept，也叫市場導向）。顧客導向認為，企業應該以顧客（市場）為中心，根據顧客的需要去開發相應的產品和服務，並透過整合行銷的方式，為顧客提供價值、滿意和長期關係。顧名思義，顧客導向以顧客為中心，這和彼得．杜拉克所說的「企業的根本目的是創造顧客」在理念上是一致的。

顧客導向的整個流程在某種程度上看起來和銷售導向非常類似，但是二者的方向是相反的。銷售導向是先有產品，再推銷給顧客；顧客導向則是先分析顧客到底想要什麼樣的產品，再把這種產品設計出來，最後透過整合行銷的方式提供給顧客。

在以顧客為導向的行銷實踐當中，企業需要做到三點：第一，企業要為顧客創造價值；第二，企業要讓顧客感到滿意；第三，企業要為顧客創造忠誠（長期關係）。例如，前面講過的Costco就透過為顧客提供優質、低價及至高無上的服務，從而為顧客創造了價值、滿意和忠誠。這樣的企業，必然會受到顧客的歡迎。我將在本書第三章裡詳細談論如何為顧客創造價值、滿意和忠誠。

五、社會行銷導向

隨著社會和經濟的快速發展，環境、人口、健康等社會問題開始凸顯。例如，隨著消費者生活水準的提高，肥胖問題開始困擾中國人的健康，超重或者肥胖的人越來越多。由此，不健康飲食的提供者如麥當勞餐廳等就招來諸多批評。

正因為這些社會問題的出現，一種新的行銷理念應運而生：社會行銷導向（societal marketing concept）。與顧客導向強調企業要以顧客為中心相比，社會行銷導向強調企業不僅要以顧客為中心，同時應該關注企業的社會責任，關注社會大眾的福利，並為社會做出積極的貢獻。

以化妝品、護膚品行業為例。現在很多的化妝品、護膚品等要用動物進行試驗，這無疑會涉及商業倫理。來自英國的護膚品行業著名品牌The Body Shop（美體小鋪）在社會行銷上就做得非常成功。不僅它的綠色logo能夠給人環保的第一印象，同時The Body Shop一直宣導自然、環保，堅持不使用動物做試驗，並透過公平貿易購買天然原材料，積極踐行保護地球、捍衛人權等。無疑的，The Body Shop這樣的品牌文化非常符合當今社會的環保原則，也是所有消費者希望看到的。因此，儘管護膚品行業品牌眾多、競爭激烈，儘管The Body Shop的價格比競爭品牌貴一些，但是正因為其宣導自然、環保的品牌形象非常符合消費者的喜好，所以它反而脫穎而出，非常成功。今天，The Body Shop零售業務覆蓋全球五十多個國家，開設線下門市逾三千間。

有意思的是，中國改革開放四十多年以來，各種行銷理念魚龍混雜，包括最落後的行銷理念和最先進的行銷理念。一百多年前在美國流行的生產導向，如今在中國仍然存在——中國仍有大量的企業只會製造，而缺乏品牌行銷和技術創新。最先進的社會行銷導向在今天的中國也存在，但是中國經濟和企業要真正實現轉型，仍然任重道遠。

科學行銷：什麼是科特勒科學行銷體系？

一、行銷理論的歷史發展

在瞭解了行銷理念的歷史發展之後，我們一起來學習一下行銷理論在過去一百多年裡的相應發展。

與生產導向對應的是，一九一一年，美國著名管理學家弗雷德里克・溫斯洛・泰勒（Frederick Winslow Taylor）出版了《科學管理原理》（*The Principles of Scientific*

Management）一書，強調標準化、專業分工、精細化管理，從而提高生產效率，降低生產成本。

前文介紹過的福特T型車正是這種科學管理和生產理念最典型的案例。可以說，當今全球所有工廠都在用的現代化流水線生產方式，與泰勒的宣導分不開。基於其傑出的貢獻，泰勒被視為影響人類工業化進程的人，並被後世譽為「科學管理之父」。

第二次世界大戰之後，全球經濟特別是美國經濟開始強勁發展，企業之間的競爭加劇，市場行銷開始進入產品導向和銷售導向的時代。與產品導向對應的是，一九六〇年，美國行銷學家傑羅姆・麥卡錫提出了4P行銷理論框架，其中第一個「P」就是產品。

與銷售導向對應的是，二戰之後，美國的廣告界迅速發展。一九四八年，三十八歲的大衛・奧格威（David Ogilvy）創辦了奧美（Ogilvy）廣告公司，並提出「品牌形象論」，後來奧格威成為舉世聞名的「廣告教父」。二十世紀五〇年代，達彼思（Ted Bates）廣告的董事長羅瑟・瑞夫斯（Rosser Reeves）提出著名的USP理論，即「獨特的銷售主張」（unique selling proposition），其特點是企業必須向消費者陳述產品的賣點，同時這個賣點必須是獨特的、能夠帶來銷量的。

隨著企業間產品同質化競爭的加劇，一九五六年，美國行銷學家溫德爾・史密斯提出了市場區隔（market segmentation）的概念。一九六〇年，哈佛商學院教授希歐多爾・萊維特在《哈佛商業評論》上發表了他的代表作〈行銷短視症〉，這篇論文奠定了他在行銷史上的地位。他在文中指出，企業衰退的原因在於它們所重視的是「產品」而不是「顧客」。而與他的宣導對應的，就是前文所述的顧客導向。

一九七二年，艾爾・賴茲和傑克・屈特共同在《廣告時代》（*Advertising Age*）雜誌上發表了文章〈定位新紀元〉（The Position Era Cometh），提出企業要想在競爭中脫穎而出，就需要透過定位（positioning）來占領顧客心智。基於賴茲和屈特在定位理論上的貢獻，他們也被譽為「定位之父」。

沿著競爭這一方向，一九八〇年，哈佛商學院教授麥可・波特出版了《競爭策略》

（*Competitive Strategy*）一書。波特提出，企業要想在競爭中獲勝，主要有三種競爭策略：**一、成本領先；二、差異化；三、聚焦。**基於他在競爭策略上的貢獻，波特也被譽為「競爭策略之父」，成為現代最偉大的商業思想家之一。

一九六七年，在前人理論的基礎上，菲利浦．科特勒出版了經典著作《行銷管理》。這本書從一九六七年問世以來，已經改版十六次，全球銷量超過一千萬冊，是各大商學院行銷課程的必讀教材，影響了無數企業家和企業高管。作為現代行銷的集大成者，菲利浦．科特勒也因此被譽為「現代行銷學之父」。值得一提的是，菲利浦．科特勒發展了溫德爾．史密斯的市場區隔概念，形成了STP理論，並把STP和4P結合了起來。這也是科特勒科學行銷體系的核心。

二、科特勒科學行銷體系

什麼是科特勒科學行銷體系？簡單來說，這是以菲利浦．科特勒為代表，融合了麥卡錫、奧格威、瑞夫斯、萊維特、賴茲、屈特、波特等行銷學派思想的一個科學行銷流程，具體分為四步：**一、市場調查和分析（MR）；二、市場區隔、目標市場選擇和市場定位（STP）；三、產品、定價、通路、促銷等行銷組合策略（4P）；四、執行和監控（IC）。**

科特勒科學行銷體系的第一步就是市場調查和分析，市場調查（marketing research）又稱行銷研究。不論是一家初創公司，還是一家大公司，要推出一個新產品，市場行銷的流程通常都是從市場調查開始的。企業如果不做市場調查而只憑「拍腦袋」[1]來做決策，容易導致推出的產品或服務根本不符合顧客需要，最後面臨市場失敗。遺憾的是，江湖上大多數所謂的行銷人士，連市場調查的基本功都沒有，甚至統計分析的基本功都沒有。事實上，行銷是一門科學，要學好行銷，必須練就扎實的市場調查基本功。

在市場分析中，企業需要對市場所面臨的宏觀環境和微觀環境進行深入的分析。企業需要認真分析市場上的宏觀環境因素，包括政治因素、法律和監管因素（political, legal and regulatory），經濟因素（economic），社會、文化和人口因素（social, cultural and demographic），技術因素（technological）等等，以及這些因素對市場的影響。這些因素被統稱為PEST。

除了市場上的宏觀環境因素，企業還需要對行業環境的主要要素進行分析。在分析行業環境時，可以選擇用麥可．波特提出的著名的「波特五力」框架來進行分析，包括顧客的議價能力、供應商的議價能力、現有競爭者的競爭能力、潛在競爭者進入的能力、替代品的替代能力。不過，由於還有更多的行業因素沒有被「波特五力」模型納入，因此也可以用另外一個更全面的4C模型來分析行業環境，包括顧客（customers）、競爭者（competitors）、合作者（collaborators）和企業自身（company）。[2]

進行完市場調查和分析，企業會發現市場非常複雜，包括市場當中的不同區隔群體，而且不同的區隔群體的需求是不一樣的，所以企業需要進行市場區隔並選擇其中一個或多個區隔市場作為目標市場，再進行市場定位。這就是科特勒科學行銷體系裡的STP。

在確定好目標市場和市場定位之後，企業需要進一步制定具體的行銷組合策略，包括產品、定價、通路和促銷等，這就是科特勒科學行銷體系裡的4P。如今，服務（service）對顧客的體驗也越發重要，因此傳統的4P理論後來就擴展到了4Ps。

企業在制定好行銷組合策略之後，就進入執行和監控階段（implementation and control）。不論市場策略和行銷組合策略設計得多麼好，執行都至關重要。很多企業能夠制定正確的行銷策略，卻沒有優秀的團隊去執行，最後結果就會大打折扣。所以，企業平時要注意優秀員工的招聘和團隊的建設。執行之後，企業還要隨時監控和調整。企業如果發現市場業績不好，就要趕緊分析原因是什麼：可能是市場策略沒問題，但是執行得不好，或者團隊不行；可能是執行沒問題，但是市場策略有問題（例如定價太高）。透過這樣的監控，企業可以找出問題並以最快速度進行改正。

在接下來的章節裡，我將詳細談論科特勒科學行銷體系：第二章將談論市場分析（宏觀環境分析、行業環境分析、市場調查等），第三章將談論市場策略（市場區隔、目標市場選擇、市場定位等），第四章將談論行銷組合策略（產品策略、定價策略、通路策略、促銷策略（傳播／溝通策略）、服務策略等）。

---

❶喻辨事不按理分析，單憑主觀想像。

❷市場行銷理論裡還有別的4C模型，例如一九九〇年美國行銷學者羅伯特．勞特朋（Robert Lauterborn）提出的consumer（消費者）、cost（成本）、convenience（便捷）、communication（傳播）也被稱為4C行銷理論，請勿混淆。

第 2 章

市場分析

如何洞察市場？

一九九九年，三十五歲的馬雲在杭州創立了阿里巴巴。在此之前，馬雲的教育和職業生涯看起來並不順利：連續三年參加高考，才終於在一九八四年考上杭州師範學院；一九八八年大學畢業之後，被分配到杭州電子工業學院（現杭州電子科技大學）擔任大學教師，講授英語和國際貿易。

誰也想不到，就是這樣一個參加三次高考才考上大學的人，卻在二十世紀九〇年代末至今的短短二十多年裡創造了中國商業歷史上的奇蹟。一九九九年，馬雲創立了阿里巴巴，阿里巴巴B2B（企業對企業）電商交易網站上線。二〇〇三年，阿里巴巴推出了淘寶網，開始與當時的全球巨頭eBay（億貝）搶奪中國C2C（消費者對消費者）市場。二〇〇四年年底，阿里巴巴推出了協力廠商網上支付平台支付寶。二〇〇七年，阿里巴巴的B2B業務獨立拆分出來，在香港上市。二〇一四年九月十九日，阿里巴巴集團在紐約證券交易所正式掛牌上市，IPO（首次公開募股）首日市值高達二千三百一十四億美元。而阿里巴巴高達二百五十億美元的募資額，也成為當時全球歷史上募資規模最大的IPO。二〇二一財政年度（到二〇二一年七月底），阿里巴巴營收高達七千一百七十三億元人民幣，阿里巴巴生態全球年度活躍消費者數量達到十一億三千萬，而中國和海外消費者在阿里巴巴平台上更是創造了高達八點一一九兆元人民幣的年度交易規模（GMV）。

支撐阿里巴巴過去二十多年裡奇蹟般快速成長的根本原因是什麼？可以說，阿里巴巴的成功，離不開馬雲在二十世紀九〇年代末對互聯網市場的洞察和遠見。早在一九九二年，馬雲在杭州電子工業學院擔任大學教師期間，就成立了海博翻譯社，並受來自西雅圖的英語教師比爾．阿霍（Bill Aho）的影響知道了互聯網。一九九五年，馬雲第一次去美國訪問並看到多家互聯網平台，於是回國後毅然辭職，創辦了中國第一家互聯網商業公司「中國黃頁」。一九九七年，馬雲賣掉了中國黃頁，和他的團隊在北京開發了對外經濟貿易部官方網站、網上中國商品交易市場、網上中國技術出口交易會、中國招商、網上廣交會等一系列網站。一九九九年，馬雲和他的合夥人們（著名的「十八羅漢」）在杭州的公寓中正式成立了阿里巴巴，並推出英文全球批發貿易市場網站阿里巴巴。

用馬雲自己的話來說：阿里巴巴能夠發展到今天，離不開其早在一九九九年就定下的使命——「讓天下沒有難做的生意」。阿里巴巴從成立之初就立志透過互聯網為全世界中小企業提供B2B電商交易平台。二〇〇三年，阿里巴巴旗下的C2C電商平台淘寶網成立。事實上，在淘寶網成立之前，早已有多家面對消費者的電商平台。當時影響力最大的是一九九九年成立的易趣網，已擁有三百五十萬用戶。也是在這一年，全球電商巨頭eBay收購了易趣網。面對這樣強大的競爭對手，阿里巴巴最後做了一個不可思議的決策，從而超越了強大的競爭對手：當時eBay照搬美國的商業模式，對商家收交易費，淘寶卻決定不收商家交易費。同時，為了讓買賣雙方交易更放心，二〇〇三年，淘寶推出了支付寶這個協力廠商擔保支付工具，買家付款到支付寶，賣家發貨，買家確認收貨以後支付寶才把款打給賣家，從而極大降低了交易糾紛和欺詐的發生機率。

這兩個關鍵決策，都是基於對中國市場的深刻洞察做出的，最後成功幫助淘寶網在和eBay的競爭中獲勝——二〇〇五年，淘寶網購市場的規模超過中國eBay，此後淘寶一路突飛猛進，佔有全國C2C電商市占率的百分之八十以上，而eBay最後則退出了中國市場。

在淘寶網成為中國C2C電商第一平台之後，阿里巴巴又在二〇一二年成立了天貓，讓每家企業都可以開設B2C（企業對消費者）商店。這一決策同樣基於對中國市場的深刻洞察。可以說，二〇〇三年成立的淘寶網滿足了許多消費者購買廉價商品的需求，但由於其C2C的特性，淘寶網上假貨橫行也成為消費者詬病的缺點。隨著中國經濟的發展和消費者收入水準的提高，越來越多的消費者渴望能在電子商務平台上買到正品行貨。因此，阿里巴巴於二〇一二年推出的天貓和淘寶有顯著差異——天貓整合了數千家品牌商、生產商，為商家和消費者之間提供一站式解決方案，提供百分之百品質保證的商品，七天無理由退貨的售後服務……天貓在成立之後迅速成為中國零售百強之首，每年的十一月十一日天貓大促銷也逐漸發展成為消費者的購物狂歡節。二〇二一年天貓「雙十一」的交易額高達五千四百零三億元。阿里巴巴也由於天貓和淘寶的成功，坐上了中國電子商務行業的龍頭。二〇二〇年十月二十八日，阿里巴巴的市值達到八千六百三十八億美元，成為當時全球市值前十的企業之一。

除阿里巴巴之外，在過去二十多年裡，中國的互聯網產業還誕生了一大批世界級的企業：騰訊、網易、百度、京東、美團……與馬雲類似，這些公司的創始人如馬化騰、丁磊、李彥宏、劉強東、王興等都從創業之初就擁有對互聯網行業的遠見和洞察。那麼，這些遠見和洞察是從哪裡來的？除了美國成功的互聯網企業如亞馬遜、谷歌、Facebook等的啟發，更重要的是他們對中國市場的分析：由於互聯網不受地域限制，頭部企業可以贏家通吃。中國作為一個擁有十幾億人口的國家，這將是多麼大的一個互聯網市場。不難理解的是，如果不是在中國，這些優秀的企業家換到一個人口只有幾百萬的小國家創業，幾乎不可能誕生諸如阿里巴巴、騰訊等這麼大規模的互聯網企業。

由此可見，市場分析極其重要。在這一章裡，我將重點闡述如何進行市場分析，包括宏觀環境分析、行業環境分析、市場調查等。

PEST：如何進行宏觀環境分析？

在進行重要的市場策略決策前，企業需要認真分析宏觀環境因素，包括政治、法律和監管因素，經濟因素，社會、文化和人口因素，技術因素等等，以及這些因素對市場的影響。這些因素被統稱為PEST。

一、政治、法律和監管環境

各國不同的政治制度和政治因素對商業環境有非常大的影響。例如，歐美發達國家的政治制度主要是民主共和制和三權分立，政府在商業環境中的作用較弱。而在阿聯酋等中東國家，政治制度主要是君主世襲制，政府在商業環境中的作用較強。對希望去世界各國開拓市場的企業來說，需要充分瞭解各國的政治環境，以做出更好的策略決策。

法律和監管是商業的規則。它們的目的是保護社會利益，規範市場力量，阻止相互勾結，避免欺詐或壟斷行為、保護消費者權益和員工權益等。歐美的反壟斷法非常厲害，美國司法部曾起訴微軟公司，稱其違反了反壟斷法，歐盟也曾起訴谷歌公司，稱其涉嫌壟斷。美國法律重視保護消費者權益，並且有消費者集體訴訟的法律。根據這種法律，任何一個消費者都可以起訴企業，而一旦某個消費者勝訴，企業就需要賠償所有購買過企業同一產品或者服務的消費者，這將是一筆可怕的天價賠償。

例如，二〇一五年，加拿大魁北克法院認為英美菸草、日本菸草和美國最大的菸草公司菲利普莫里斯國際（Philip Morris International Inc.），這三家大型菸草企業沒有充分警告消費者吸菸可能導致的健康問題，最後這三家菸草企業被判賠償一百五十五億加元（當時相當於一百二十二億美元）。又如，二〇二一年十月，格力電器與美國司法部達成和解，同意為格力除濕機可能導致火災的產品缺陷而對消費者進行賠償，賠償總額高達九千一百萬美元。再如，二〇二二年七月二十二日，美國電信營運商T-Mobile同意對七千六百萬名客戶支付共三億五千萬美元，以了結一起集體訴訟，該集體訴訟起因是T-Mobile被駭客入侵，導致數千萬名客戶的敏感性資料被洩露。

在中國，企業也要密切關注監管環境的變化。例如，二〇二一年中國「雙減」政策的頒布就對中小學教育培訓行業產生了很大的影響。二〇二一年七月二十四日，中共中央辦公廳、國務院辦公廳正式印發《關於進一步減輕義務教育階段學生作業負擔和校外培訓負擔的意見》，要求學科類培訓機構一律不得上市融資，且嚴禁資本化運作。「雙減」政策前所未有的嚴厲態度引起了行業大地震，七月二十五日，包括新東方、好未來、高途等在內的多家教育中概股股價均出現大幅下跌，有的公司股價相比年內高點跌幅甚至超過百分之九十。又如，中國的反壟斷法現在已經生效。

二〇二一年四月，阿里巴巴因要求商戶進行「二選一」等壟斷行為而被罰款一百八十二億元人民幣；二〇二一年十月，美團因要求商戶進行「二選一」而被罰款三十四億元人民幣。再如，中國現在對用戶的敏感性資料監管得很嚴格。二〇二二年七月二十一日，國家互聯網資訊辦公室依據《網路安全法》、《資料安全法》、《個人資訊保護法》、《行政處罰法》等法律法規，對滴滴全球股份有限公司處以八十點二六億元人民幣的罰款。

二、經濟環境

經濟環境會影響市場的需求。人均GDP（國內生產總值）、人均可支配收入通常是市場需求的良好指標，但企業必須同時考慮其在人口和人口規模上的分布。例如，印度的人均GDP還很低，但GDP增速很快，現在很多中國企業如小米都去印度開拓市場。又如，二〇二〇年，新冠疫情導致全球經濟嚴重受挫，全球二百多個國家和地區有超過百分之八十的經濟都出現了不同程度的衰退。

即使是經濟一直快速成長的中國，二〇二〇年的GDP成長率也只有百分之二點三[3]（二〇一九年中國經濟成長率還高達百分之六點一）。疫情也讓各國的旅遊業受到很大的衝擊：拉丁美洲最大的航空公司LATAM（南美航空公司）、全球汽車租賃巨頭Hertz（赫茲）等大量企業都申請破產保護，中國的三大航空公司也都在二〇二〇年各自虧損上百億元。

經濟成長的趨勢也非常重要。例如，二〇一〇～二〇二〇年，中國的GDP成長率基本上逐年走低（二〇一〇年，百分之十點三；二〇一一年，百分之九點二；二〇一二年，百分之七點八；二〇一三年，百分之七點七；二〇一四年，百分之七點四；二〇一五年，百分之六點九；二〇一六年，百分之六點七；二〇一七年，百分之六點九；二〇一八年，百分之六點六；二〇一九年，百分之六點一；二〇二〇年，百分之二點三），很多中小企業感受到了經濟下滑環境下生存不易的壓力。然而，未來的經濟成長可能更不樂觀。

例如，二〇二一年，中國四個季度的GDP同比成長率分別為百分之十八點三、百分之七點九、百分之四點九和百分之四，這可能預示著將來相當長一段時間內中國經濟下滑壓力較大。實際上，二〇二二年，中國經濟就再次面臨很大的壓力，其中一季度同比成長率為百分之四點八，二季度同比成長率為百分之零點四，三季度同比成長率為百分之三點九。甚至，從二〇一九年開始，不少網友都在戲說「剛剛過去的這一年，是過去十年裡最差的一年，卻可能是未來十年裡最好的一年」。

三、社會、文化和人口環境

文化是一個社會或群體獨特的風俗、面貌和生活方式等。文化是個體早期在生活中學習到的，很大程度上受到來自家庭、學校和宗教機構的影響，並且文化規範不易改變。例如，亞洲人比較奉行集體主義，而歐美人比較崇尚個人主義。通常人們不會注意到他們日常生活中的文化，但是比較不同的文化時就很容易注意到差別。在一種文化中很正常的行為，在另外一種文化中可能會顯得很奇怪。例如，狗和貓在歐美和中國都是受歡迎的寵物，但是在中東國家，穆斯林家庭不能養狗，貓卻非常受歡迎（貓在伊斯蘭世界是純潔的象徵）。

一個文化群體可能包括不同的亞文化群，每一個都反映著群體文化和亞文化元素。

例如，重要的中國亞文化有：二十世紀五〇年代人（經歷文革、上山下鄉），六〇至七〇年代人（高考改變命運），八〇後和九〇後（獨生一代），〇〇後（社交媒體一代）等等。每一種亞文化都代表著不同的市場機會。例如，嗶哩嗶哩（Bilibili，俗稱B站）是中國年輕世代高度聚集的文化社區和視頻平台。

人口環境非常重要。今天的世界人口已超過八十億，但是各國的人口分布不均勻。截至二〇二二年十一月二十七日，全球人口前十的國家分別為：中國，十四點五億人；印度，十四億人（很快將超越中國成為世界第一人口大國）；美國，三點三億人；印尼，二點八億人；巴基斯坦，二點三億人；奈及利亞，二點二億人；巴西，二點一億人；孟加拉，一點七億人；俄羅斯，一點五億人；墨西哥，一點三億人。而最小的國家梵蒂岡人口只有八百人。

同一個國家內部人口分布也往往非常不均勻。例如，根據二〇二〇年第七次全國人口普查資料，中國人口排名前三的省級行政區分別是：廣東省，一點三億人；山東省，一點零一億人；河南省，九千九百萬人。而人口最少的三個省級行政區分別是：西藏自治區，三百六十五萬人；青海省，五百九十二萬人；寧夏回族自治區，七百二十萬人。而且，不同地區之間的人口流動趨勢非常不同。例如，由於珠三角經濟發達，所以二〇一〇~二〇二〇年廣東省增加的人口超過二千萬，而東北三省則面臨人口因外流而減少的嚴峻挑戰，減少的人口超過一千萬（其中黑龍江省減少六百四十六萬人，吉林省減少三百三十九萬人，遼寧省減少一百一十五萬人）。

人口的成長趨勢也非常重要。在許多發達國家，人口年成長率低於百分之一，有的甚至負成長，這樣的成長率不能維持現有人口規模，主要原因是發達國家提升了女性的教育機會和工作機會，以及生育控制變得更加方便。二〇二〇年，中國的出生率也創下自一九七八年以來四十三年裡的新低，僅為百分之零點八五二，比日本二〇二〇年百分之一點三四的出生率還低。二〇二一年，中國的出生率又進一步下降到百分之零點七五二。中國也開始面臨低人口成長率和高齡化的挑戰。

四、技術環境

今天，我們處於一個技術創新層出不窮的時代。這些創新改變了個人、家庭和組織的生活和工作，重組了產業，推動了經濟成長。例如，互聯網改變了許多行業的競爭方式，並提供了以前難以想像的利益給用戶。美國的Coursera❹和edX❺，以及中國的學堂線上等慕課❻平台免費提供了國內外許多頂級大學的優秀課程，並且和許多大學合作提供線上學位教育。

近年來，移動互聯網進一步改變了消費者的生活方式。例如，滴滴等出行平台整合了閒置的私家車資源，使得提供出行服務的司機大大增加，消費者叫車更方便了，再也不用像以前那樣受計程車司機「拒載」的氣了。又如，美團、餓了麼等外賣平台使得外賣成為一個大的行業，目前在中國，外賣車手就有超過一千萬人，給千家萬戶提供了方便。

人工智慧、5G、物聯網、移動支付等技術正在興起並蓬勃發展。以前，我在收音機裡聽到一首好聽但沒聽過的歌曲時，我很難知道這首歌的名字；現在，音樂軟體裡「聽歌識曲」的功能可以輕鬆幫我找到幾乎任何一首歌。以前出門乘坐飛機一定要帶身分證進行安檢，現在很多機場透過人臉識別而無需身分證即可進行安檢。以前很多人都要帶現金出門，現在不少人身上已經沒有現金，只帶一部手機出門就能進行付費。可以預見的是，這些技術將進一步改變人們的生活。

有一些科技創新是特定行業的，其他一些則影響了整個經濟。比如電腦晶片的創新主要影響電腦行業，互聯網則會影響整個經濟。互聯網正在改變社會運轉的方式。從降低成本和促進互動溝通的角度來說，互聯網對企業具有重要意義，數字化已經成為每個企業的必經之路。

除了以上的PEST環境分析，有些學者也把PEST這個框架擴展為PESTLE，其中L標記法律和監管環境（legal and regulatory），E表示物理環境（environmental）。物理環境指的是一個地方的自然環境。各國物理環境有很大的不同，這對企業和消費者都有重大影響。例如，阿聯酋是個沙漠國家，這樣的物理環境決定了當地淡水資源非常緊缺（主要靠海水淡化），農業不發達。

在阿聯酋，人們生活所需的水果、蔬菜等各種生鮮農產品基本上靠進口，所以價格非常昂貴。此外，在阿聯酋，由於降水稀少，樹木和草坪都需要人工澆水才能存活，所以種植樹木和草坪的成本很高。因此，當地人判斷一個家庭是否富有，主要看其院子裡是否有很多樹和草坪。

同一個國家內部也有非常不同的物理環境。由於中國幅員遼闊，不同地區的物理環境非常不一樣。北方地區冬季寒冷，而南方冬季較為溫暖，這會給經濟帶來重大影響：從小處看，在南方城市，即使在冬天，人們的夜生活也比較豐富，而在北方城市，冬天的夜裡街上行人稀少；從大處看，南北經濟差距已十分明顯，二〇二一年GDP排名前十的城市中，只有北京一個北方城市，其他九個都是南方城市（上海、深圳、廣州、重慶、蘇州、武漢、成都、杭州、南京）。西北地方沙漠較多，由於沙漠的物理環境不適宜人們居住，因此內蒙古阿拉善盟面積多達二十七萬平方公里，比浙江和江蘇兩個省的總面積還大，但這裡的人口卻只有二十六萬人，不如東南沿海的一個小鎮。在阿拉善，由於沙漠的原因，人們購買汽車多以越野車為主，因此豐田汽車的陸地巡洋艦、長城汽車的坦克300等都是當地熱銷的車型。

總的來說，企業對宏觀環境進行PEST或PESTLE分析非常重要。有遠見的企業會根據環境變化趨勢來進行策略改變。本章開篇案例阿里巴巴便是這樣的一個例子，馬雲對互聯網的遠見幫助他堅定信念創辦了阿里巴巴，並使其在短短二十多年裡成為中國，乃至全球價值最高的電商平台之一。又如，中國最優秀的企業之一華為，在每個國家拓展市場時都會對當地的宏觀環境進行系統的分析，而任正非對電信行業和智慧手機行業技術趨勢的判斷，也幫助他做出了正確的策略決策。

---

❸本小節的中國GDP成長率資料均引自中國國家統計局發布的GDP初步核算數據。

❹由史丹佛大學的電腦科學教授吳恩達（Andrew Ng）和達芙妮·科勒（Daphne Koller）聯合建立的一個營利性教育科技公司。

❺由麻省理工學院和哈佛大學創建的大規模開放線上課堂平台。

❻針對大眾人群的線上課堂。

BCG矩陣：如何選擇進入不同的行業？

俗話說，男怕入錯行。其實，在男女平等的今天，任何人入錯行都會嚴重影響自己的收入。企業也是如此，那麼企業究竟該如何選擇進入不同的行業？或者，如果企業有多個不同的業務，那麼，企業該如何將有限的資源配置到不同的業務中呢？

在這裡，我向大家介紹一個著名的行銷思維模型——波士頓矩陣（BCG Matrix，即BCG矩陣）。波士頓矩陣又稱市場成長率—相對市場占有率矩陣，由全球著名的策略諮詢公司波士頓諮詢公司（Boston Consulting Group，縮寫為BCG）的創始人布魯斯·

亨德森（Bruce Henderson）於一九七〇年首次提出。

波士頓矩陣認為，應該根據每一項業務的市場吸引力和企業在各項業務中的實力來進行策略選擇。市場吸引力主要由行業成長率代表，而企業實力則主要由相對市場占有率代表。根據這兩個指標的高低，企業可以把各種業務劃分為四類：**明星（stars）**、**金牛（cash cow）**、**問題（question marks）和瘦狗（dogs）**。接下來我們具體討論每一種情況之下，企業應該如何決策。

一、明星

如果企業某項業務的行業成長率高，而且企業的相對市場占有率也很高，這種業務就被BCG矩陣稱為明星業務。明星業務由於行業成長率高，將會面臨許多已有競爭對手和新進入的競爭對手的激烈競爭，所以企業必須積極擴大經濟規模和市場機會，以長遠利益為目標，提高市場占有率，鞏固競爭地位。因此，對於明星業務，BCG矩陣給出的決策建議是企業應該追加投資。

以iPhone為例。從二〇〇七年發布第一代iPhone以來，蘋果公司不僅逐漸把諾基亞、黑莓等手機行業曾經的領導者趕出了市場，還引領了全球智慧手機行業的浪潮。智慧手機行業無疑在過去的十幾年裡擁有高行業成長率（中國華為、小米、OPPO、vivo等企業也都紛紛加入智慧手機行業），蘋果在全球智慧手機市場的占有率也一直領先（二〇二一年蘋果高居全球智慧手機市場占有率第二名，僅次於三星）；同時，由於iPhone定位高端，蘋果占據了全球智慧手機行業利潤的百分之五十以上。因此，蘋果公司一直都在追加投資研發下一代iPhone。蘋果公司的這一決策獲得了巨大的回報。二〇一二年八月二十一日，蘋果公司以六千二百三十五億美元的市值，成為當時全球市值最高的公司，並在此後的大多數時間裡都保持著全球市值第一的位置。截至二〇二二年十一月二十七日，蘋果公司的市值已高達二點四兆美元，仍然位居全球第一。

再以特斯拉電動汽車為例。從二〇〇八年十月特斯拉公司發布首款產品純電動汽車Roadster之後，特斯拉公司引領了全球電動汽車行業的浪潮。電動汽車行業無疑在過去的十幾年裡擁有高行業成長率（中國比亞迪、蔚來、小鵬、理想等企業也紛紛加入電動汽車行業），特斯拉在全球電動汽車市場的占有率也一直領先（二〇二一年特斯拉高居全球電動汽車市場占有率第一名，銷量高達九十四萬輛，占全球新能源乘用車市場的百分之十四點四，在純電動汽車市場的占比則高達百分之二十點三）；同時，特斯拉公司旗下兩款主銷產品Model 3和Model Y分別取得了全球新能源乘用車年銷量冠軍和亞軍。因此，特斯拉公司的電動汽車無疑是其明星業務，特斯拉公司也一直在追加投資研發下一個電動汽車產品（例如，特斯拉公司在二〇一九年發布電動皮卡Cybertruck後，一周內就收到了超過二十五萬輛的預訂訂單，目前該車預訂訂單已超過一百二十萬輛，按每輛車五萬八千美元的平均價格計算，這些新車訂單總額超過八百億美元，但特斯拉公司由於工廠建設和產能限制，目前還沒有準確的生產計畫）。截至二〇二二年八月十九日，特斯拉公司的市值高達九千二百六十八億美元，是全球市值排名第六的公司，僅次於蘋果、沙特阿美（Saudi Aramco）、微軟、谷歌和亞馬遜。

二、金牛

如果企業某項業務的行業成長率低，但企業的相對市場占有率高，這種業務就被BCG矩陣稱為金牛業務。金牛業務已進入成熟期，由於市占率高、銷售量大，產品利潤相當可觀，而且由於行業成長率低，無須增大投資，因而成為企業回收資金、支持其他業務尤其是明星業務的投資的後盾。因此，對於金牛業務，BCG矩陣給出的決策建議是企業應該回收資金，不追加投資。

以聯想（Lenovo）公司的個人電腦為例。由於智慧手機的出現，個人電腦的上網、遊戲、娛樂等功能逐漸被智慧手機替代，很多人已經把電腦看成純粹的學習或辦公工具。因此，全球個人電腦行業近十年來的行業成長率逐漸下跌，甚至開始停止成長或開始負成長（二〇一六～二〇一九年，全球個人電腦行業每年的出貨量分別為二點七億台、二點六三億台、二點五九億台、二點六八億台）。同時，聯想在全球個人電腦市場的占有率一直保持領先（二〇二一年，聯想以八千四百萬台的銷量高居全球個人電腦市場占有率第一名，市場占有率高達百分之二十四點一，領先惠普的百分之二十一點七和戴爾的百分之十七點四）。因此，聯想公司的個人電腦無疑是其金牛業務，聯想公司無須追加投資。

三、問題

如果企業某項業務的行業成長率高，但企業的相對市場占有率較低，這種業務就被BCG矩陣稱為問題業務。行業成長率高說明市場機會大，前景好，而相對市場占有率低則說明企業存在問題。對於問題業務是否應該追加投資，企業應該在邀請公司內外專家（特別是獨立的外部專家，畢竟容易出現「當局者迷，旁觀者清」的情況）慎重討論之後再決策：如果經過慎重分析之後，企業覺得有實力和較大的機率成為市場領先者，那麼可以追加投資；如果覺得很難成為市場領先者，那麼企業應該果斷停止該業務以及時止損。

以樂視的電動汽車為例。由於看好電動汽車行業的前景，賈躍亭創立的樂視在二〇一四年宣布跨界進軍電動汽車領域。然而，樂視汽車到今天都沒量產上市，無疑是問題業務。由於賈躍亭沒有及時止損，眾所周知的結果是樂視汽車這項問題業務連累了樂視公司，導致樂視從曾經市值高達一千七百億元的創業板第一股，到最後被深圳證券交易所摘牌，一千七百億元的市值灰飛煙滅。

再以聯想公司的智慧手機為例。在過去十年裡，智慧手機的行業成長率高，但聯想智慧手機的市場占有率比較落後，這無疑是問題業務。二〇一四年，聯想以二十九億美元的價格收購摩托羅拉，希望借此機會重振雄風。由此可見，聯想公司當時的決策是追加投資。然而，最後的結果卻不如人意。根據調查機構GFK（捷孚凱）的報告，二〇一七年，聯想智慧手機在中國市場的銷量僅為一百七十九萬支，市場占有率僅為百分之零點四。

四、瘦狗

如果企業某項業務的行業成長率低，同時企業的相對市場占有率也低，這種業務就被BCG矩陣稱為瘦狗業務。對於這類業務，企業應採用撤退甚至立即淘汰的決策，以保證不再浪費企業資源，將寶貴的資源向其他更好的業務轉移。

4C模型和波特五力：如何分析行業環境？

在用PEST或PESTLE模型進行市場宏觀環境分析，以及用BCG矩陣進行行業和業務選擇之後，進行行銷策略決策之前，企業還需要對行業環境的主要要素進行分析。麥可·波特提出了一個著名的行業環境分析工具「波特五力」，包括顧客的議價能力、供應商的議價能力、現有競爭者的競爭能力、潛在競爭者進入的能力、替代品的替代能力。由於事實上還有更多的行業因素，接下來我們用前文介紹過的更全面的4C模型來分析行業環境，這個模型也包括波特五力。

一、顧客

企業提供產品和服務以滿足顧客需求，因此，企業必須能識別顧客，洞察顧客需求，並且瞭解顧客做出購買決策的過程。

顧客分析至少包括以下四個部分。

1. 誰是顧客？

企業對顧客的洞察至關重要。同一家企業的同一個產品可能會有不同的顧客。以航空公司為例，乘客可以分為個人／家庭乘客（旅遊、探親）和商務乘客（因公出差）。通常來說，個人／家庭乘客是自己付費，所以對價格很敏感；商務乘客是因公出差，單位可以報銷出行費用，所以他們對價格不敏感。

正因如此，近年來許多航空公司在頭等艙、商務艙、經濟艙的基礎上又推出了超級經濟艙。經濟艙往往提供深度折扣，物件是自己付費的個人／家庭乘客；超級經濟艙往往不提供深度折扣，但提供提前登機之類的額外福利，物件是單位可以報銷機票費用的商務乘客。很多單位的報銷政策不允許員工報銷頭等艙或商務艙費用，因此超級經濟艙就成為很多單位的員工出差的選擇。

企業在洞察顧客時需要區別直接顧客和間接顧客。例如，對玩具產品來說，家長們是直接顧客（掏錢購買），孩子們則是間接顧客（使用者、用戶）。因此，企業必須考慮二者的區別，並且只有在二者都喜歡產品的情況下才能成功。例如，很多遊戲機產品儘管很受孩子的歡迎，卻因為父母不願意購買（父母擔心遊戲機影響孩子的學習和健康），而無法獲得市場成功。有些時候，產品的使用者是個人，購買者卻可能是組織機構。這時，如果採用B2C的行銷方式，企業就可能會犯下錯誤。例如大學宿舍裡的空調，儘管使用者是學生，購買者卻是學校，這時企業就必須用B2B的行銷方式。

企業在洞察顧客時還需要區別現有顧客和潛在顧客。現有顧客提供收入和利潤，但企業在專注於現有顧客的同時，還必須找出潛在顧客。很多企業提供免費體驗，這樣會吸引更多的潛在顧客，從而促使更多的潛在顧客轉化成現有顧客。例如，儘管個人電腦行業已經不再成長，蘋果公司的麥金塔電腦近年來的市占率卻能逆勢成長，這與蘋果重視大學生潛在顧客有關。蘋果公司經常會提供免費的麥金塔電腦給大學的電腦實驗室，這樣很多大學生在習慣麥金塔電腦的作業系統之後，慢慢就會轉變成真正的顧客。又如，很多視頻網站會提供每部電影或者每集電視劇前五分鐘的免費觀看機會，以吸引更多人購買電影、電視劇或會員。

2. 顧客需要

為獲得顧客洞察，企業需要深入瞭解顧客需要。顧客需要不但包括一些基本的利益和目的，也可能包括一些潛藏的需要。比如馬斯洛需要層次理論中的更高層次的社會需要（愛情、親情、友情、歸屬感等）、尊重需要（身分、聲譽、成功等）和自我實現需要（達成自己的理想、願望等）。因此，在提供顧客的基本需要之外，企業還需要深入洞察顧客是否有一些高層次的需要。

以航空公司為例。乘客乘坐飛機所滿足的基本需要是交通和安全，更高層次的需要則是尊重需要。因此，儘管與經濟艙相比，頭等艙／商務艙並不能更快到達目的地，但能更好地滿足一部分顧客的尊重需要。所以，頭等艙／商務艙的機票價格往往是經濟艙的好幾倍，有的甚至高達十倍。很多諮詢公司的諮詢師都會乘坐商務艙，因為這是他們對身分的需要，甚至是對開展業務的需要。

不管在哪個行業，不同品牌往往都會有不同的價格和相應的定位。通常來說，低價品牌滿足基本需要，高價品牌在滿足基本需要之外，還滿足更高層次的社會需要或尊重需要等。例如，星巴克咖啡除了滿足消費者對咖啡的生理需要，更重要的是滿足尊重需要。畢竟，請合作夥伴去麥當勞喝咖啡，可能會比較尷尬。又如，在中國市場，哈根達斯冰淇淋除了滿足消費者對口味的需要，還滿足消費者對愛情和其他感情的需要，這可以從哈根達斯冰淇淋在中國市場的著名廣告語「愛她，就請她吃哈根達斯」看出來。

3. 顧客如何購買？

企業必須知道顧客如何購買，包括其決策過程和影響因素。消費者購買（B2C）和企業購買（B2B）的決策過程差異很大。除了少數高額產品（房子、汽車等），消費者購買往往是一個人就可以做出購買決策，購買流程很快；企業購買則需要多個人一起做購買決策，購買流程較慢。例如，一個消費者想購買一瓶可樂，往往在幾秒鐘內就能做出購買決策。但是，如果是南方航空公司購買可樂作為機上的飲料提供給乘客，則需要採購委員會經過漫長的商務談判過程或者招投標過程（可能會邀請可口可樂公司和百事可樂公司一起競爭投標）才能完成。

再以航空公司為例。在購買流程上，個人付費的乘客往往會去攜程、去哪兒、飛豬等機票平台上搜索比價，而商務乘客則往往由公司內部的預訂部門或者相關負責人幫助完成機票預訂，無須自己付費（當然，也有很多企業沒有預訂部門，需要商務乘客自己預訂並付費，之後在公司內部進行費用報銷）。個人付費的乘客往往最關心價格，並不介意廉價航空公司；可以報銷的商務乘客往往關心航班時刻、是否直飛、航空公司品牌、是否為該航空公司常旅客計畫❼會員等多個因素，他們往往不願意乘坐廉價航空公司的航班。

4. 顧客的議價能力

「波特五力」中的「顧客的議價能力」是一個非常重要的行業力量。以航空公司為例，即使是一位普通乘客，在航空公司面前也擁有非常強的議價能力。為什麼？因為航空業競爭激烈，任何一家航空公司都可以把乘客從起點送到目的地，核心服務上沒有什麼差別，乘客往往會根據價格來選擇航空公司：誰的票價更低，乘客就傾向於選擇誰。正因為如此，各大航空公司往往會陷入價格戰，導致盈利水準很低。反之，在中國的高鐵市場，由於高鐵公司是獨家壟斷的，乘客在高鐵公司面前的議價能力就不強。所以即便是在需求低谷期，我們也很少會看到高鐵公司大幅降價。

二、競爭者

企業和它的競爭對手都在吸引和保留相似的顧客群。企業需要花時間研究競爭者，深入洞察競爭者，才能做出正確的決策以贏得市場。「波特五力」分析框架裡有三個力量來自競爭者：行業內的競爭者（rivalry）、新進入的競爭者（new entrants）和替代者（substitutes）。

1. 行業內的競爭者

行業內的競爭者（又稱為直接競爭者）以相似的產品、技術和商業模式，為類似的顧客提供類似的利益和價值。例如，不同的航空公司就是直接競爭者：在中國市場，國航的競爭對手就有南方航空、東方航空、海南航空、廈門航空、中國聯合航空等數十家航空公司；在國際市場，國航的競爭對手則有美國聯合航空、日本航空、大韓航空、英國航空、法國航空、德國漢莎航空、新加坡航空、阿聯酋航空、加拿大航空等上百家航空公司。

2. 新進入的競爭者

新進入的競爭者要想在行業裡擁有一席之地，就得從已有的行業玩家手中搶走一杯羹。例如，在大飛機製造行業，全球目前只有兩大寡頭——波音和空中巴士。然而，中國商用飛機公司正在研發C919大飛機，一旦研究成功，就會成為全球大飛機行業新進入的競爭者，而波音和空中巴士就會受到衝擊。無獨有偶的，在全球汽車行業，原來的競爭者包括日本豐田、美國通用、德國大眾、日產─雷諾─三菱聯盟、韓國現代─起亞等巨頭公司。

然而，最近十年，電動汽車技術進入汽車行業成為新競爭者，給所有傳統汽車公司帶來了極大的競爭壓力。目前，中國的造車新勢力蔚來、小鵬、理想等都在蠶食傳統汽車廠商的市占率，還獲得了資本市場的熱捧。例如，儘管傳統巨頭吉利汽車二〇二一年的銷量高達一百三十二萬八千輛，而造車新勢力之一的蔚來汽車二〇二一年的銷量只有九萬一千輛，但截至二〇二二年十月七日，蔚來汽車的市值為二百三十三億美元，高於吉利汽車的市值一千零九十六億港元。

3. 替代者

替代者（又稱為間接競爭者）為類似的顧客提供類似的利益和價值，但提供不同的產品、技術或商業模式。例如，不同的航空公司是直接競爭者，但航空公司還面臨很多替代者的競爭，包括高鐵、普通火車、長途大巴、自駕車等，因為這些替代者都能為乘客提供相同的利益（到達目的地），但產品非常不同。

對競爭者的分析非常重要。以波音和空中巴士為例，這兩家飛機製造公司在過去幾十年裡長期競爭。波音公司成立於一九一六年，在一九五八年推出第一架現代商用噴氣式飛機，是長期以來的市場領導者。波音公司最成功的飛機是波音７３７（雙引擎單通道，中短途），該機型自一九六六年首飛成功以來一直暢銷不衰。

空中巴士公司成立於一九七〇年，是市場挑戰者。為了與波音公司競爭，空中巴士公司於一九八七年推出了空中巴士３２０（雙引擎單通道，中短途），它很快成為波音７３７的主要競爭對手。而面對波音公司於一九六九年推出的波音７４７（四引擎雙通道，長途），空中巴士公司於一九九二年推出了空中巴士A330（雙引擎雙通道，長途），後者由於更好的燃油經濟性而大獲成功。波音公司隨即於一九九六年推出了波音777（雙引擎雙通道，長途）與空中巴士A330競爭……兩家公司在競爭中都變得更加優秀。到二〇一六年，波音與空中巴士兩家公司基本平分全球大飛機行業的市占率。

三、合作者

在當今全球化的商業世界裡，任何企業都需要合作者。一般來說，企業需要考慮的合作者主要有：上游供應商（suppliers）、下游通路商（channel partners, distributers）、互補者（complementors）。此外，企業還需要考慮政府、學校、媒體、金融機構等合作者。

1. 上游供應商

上游供應商是企業重要的合作夥伴之一。在「波特五力」分析框架裡，供應商的議價能力也是其中一個重要的行業力量。很多人以為企業在供應商面前是甲方，所以作為購買方的企業總是處於強勢地位。這種想法完全錯誤。事實上，供應商完全可以非常強勢。例如，二〇二〇～二〇二二年，全球很多汽車廠商都受到上游晶片短缺的影響，無法拿到足夠的晶片，這導致汽車產量下降，影響全年營收。華為公司更是受到晶片「卡脖子」的影響，其智慧手機市占率大幅下降。

再以航空業為例，波音和空中巴士等飛機製造商就是航空公司的供應商。由於全球航空公司數量眾多，但主要的大飛機製造商目前只有波音和空中巴士兩家，因此這兩家供應商在航空公司面前的議價能力非常強大。所以，航空公司儘管作為甲方，但基本上對飛機沒有太大的討價還價能力，通常還要等待相當長時間的排期（例如三～五年之後才能交貨）。類似地，在航空公司面前，航油供應商也擁有強大的議價能力，航油的定價權主要掌握在中東幾個產油大國手裡，全球各大航空公司基本沒有什麼選擇。可以說，航空公司的兩個主要供應商（飛機製造公司和航油供應商）的高議價能力和強勢地位，是航空公司的成本居高不下的主要原因。

結合上面對航空公司顧客、競爭者、供應商的分析，我們可以發現，對航空公司而言，不僅供應商（如飛機製造公司、航油供應商）的議價能力很強，顧客也擁有很強的議價能力（乘客隨時可以更換其他航空公司或者其他交通工具），而且競爭者（包括行業內的競爭者、新進入的競爭者、替代者）眾多，因此航空公司這個行業很難獲利。

2. 下游通路商

下游通路商也是企業重要的合作夥伴之一。例如，沃爾瑪是全球日用品巨頭寶僑（P&G，或譯為寶潔）公司的下游通路商之一。在二十世紀六〇～七〇年代，寶僑和沃爾瑪之間的關係非常緊張。當時，沃爾瑪為了實現自己對消費者的低價承諾，竭盡所能壓低進貨價格，而寶僑公司則以停止供貨進行反擊，雙方的利益在交戰中都遭受重創。一九八七年，寶僑公司高層與沃爾瑪創始人山姆．沃爾頓進行了歷史性的會晤，雙方決定進行策略性合作，透過零庫存自動訂貨發貨系統等資訊系統進行自動補貨和自動結算，大幅提高了雙方的效率，降低了雙方的成本，最後成功實現了共贏。根據貝恩諮詢公司的一項研究，二〇〇三年，寶僑公司五百一十四億美元的銷售額中有百分之八是透過沃爾瑪實現的，而沃爾瑪二千五百六十億美元的銷售額也有百分之三點五歸功於寶僑。

在中國市場，「通路為王」這句話曾經是包括娃哈哈在內的許多著名品牌的成功法寶。在出現電子商務之前，國美和蘇寧就是家用電器行業最大的兩家通路商。可以說，對許多家用電器品牌來說，不透過國美和蘇寧，就無法把產品銷售給全國各地的億萬消費者。在裝修裝飾和傢俱行業，居然之家、紅星美凱龍也是影響力巨大的通路商。如今，電子商務的出現使得許多企業有了直接觸達消費者的自有通路，從而不必完全依賴傳統通路打開市場。除了電子商務自有通路之外，蘋果、華為、小米等許多科技產品提供商，也都開始開設自己的線下旗艦店。因此，當今的企業需要有全通路（線上＋線下，自有＋合作）的意識，而這必然向企業提出了更高的要求。

3. 互補者

互補者能幫助企業增加銷量，企業也能幫助互補者增加銷量，企業和互補者可以開發互惠互利的策略。關於互補產品的經典例子有麵包和奶油、咖啡和奶精、印表機和墨水匣、啤酒和洋芋片等。

互補者對企業非常重要。如果沒有互補者，顧客購買企業產品所能獲得的價值就會大打折扣。例如，蘋果公司早在一九八四年就推出了擁有圖形介面作業系統和滑鼠的麥金塔電腦，而微軟則於一九八五年才推出Windows圖形介面作業系統。那時，蘋果公司的麥金塔電腦是封閉的系統，而裝有Windows作業系統的IBM PC（個人電腦）卻是開放相容的，有很多協力廠商軟體開發公司為其開發應用軟體。最終，蘋果公司的麥金塔電腦在作業系統之戰中敗下陣來，其中一個最重要的原因便是它缺少互補者，即各種應用軟體。

正因為早年麥金塔電腦的失敗（賈伯斯還因此在一九八五年被逐出蘋果公司），賈伯斯在職業生涯後期回歸蘋果公司後推出iPhone時吸取了這個教訓，在iOS封閉的作業系統裡加上了App Store，允許成千上萬的開發人員為蘋果公司開發應用軟體。也正因為如此，儘管iPhone的iOS作業系統是封閉的，但它並不缺少互補者，從而在與安卓手機的市場之戰中保持著長期的競爭力。

除了上述的上游供應商、下游通路商及互補者，企業還需要考慮其他很多合作者，例如政府、媒體、學校、金融機構等。在中國，政府的支援非常重要，可以幫助企業獲得很多資源，包括稅收優惠政策等。媒體報導可以幫助企業獲得聲譽，也可能直接讓企業陷入輿論旋渦。例如，二〇二一年十二月，中國知網因為被八十九歲高齡的中南財經政法大學教授趙德馨起訴擅錄其論文，而被《人民日報》、央視網等權威媒體批評為「店大欺客」和「借雞生蛋」。不僅如此，這件事還導致知網受到反壟斷調查和處罰。二〇二二年十二月二十六日，知網因濫用市場支配地位被國家市場監督管理總局處罰八千七百六十萬元人民幣。

大學也往往是企業重要的合作夥伴，不僅可以為企業輸送人才，還可以與企業進行研發上的合作。例如，華為公司和清華大學、北京大學等多所中國頂尖高校長期合作，從而得到了源源不斷的優秀人才，實現了一些高科技專案的聯合研發。金融機構的貸款支持對包括地產業在內的許多行業非常重要。例如，在二〇一六年以前，萬達集團獲得了大量金融機構的支持，在全球各國併購了許多企業；二〇一六年後，失去金融機構支持的萬達集團只好被迫賤賣資產，這才安全著陸。

四、企業自身

除了洞察顧客、競爭者、合作者，企業在進行4C行業環境分析時還需要獲得良好的企業自身洞察（company insight）。企業在進行自身分析時，可以分析自身的優勢和劣勢，這是著名的策略分析工具SWOT中的一部分，其完整內容包括企業的優勢（strengths）、劣勢（weaknesses）、機會（opportunities）和威脅（threats）。

顧名思義，策略最早來源於軍事。在軍事上，交戰的雙方需要深諳各自的優劣勢，才能做出正確的策略選擇。例如，一六二六年，明朝遼東小城寧遠的守將袁崇煥深知自己的優勢在於城牆和火炮，而劣勢在於兵力較少、騎兵和步兵的肉搏能力遜於後金努爾哈赤的軍隊。因此，袁崇煥選擇了堅守城牆不出，在面對努爾哈赤的大軍攻城時，袁崇煥堅決用火炮反擊，結果獲得了以少勝多的「寧遠大捷」，這是明朝末年面對後金難得的一次重大勝利。

在商業上，每家企業也都有優勢和劣勢，因此企業的策略需要利用優勢而避開劣勢。例如，在電動汽車市場上，面對特斯拉的品牌優勢和技術優勢，柳州五菱選擇了以價格作為自己的優勢。柳州五菱一直以來的優勢都是價格，其生產的五菱宏光曾經因價格低、銷量大而被中國網友戲稱為神車。於是，在電動汽車時代，柳州五菱也推出了宏光MINIEV電動汽車，定價僅三萬七千六百元人民幣左右，儘管這款車空間小（車長才二點九米）、續航里程短（一百二十公里），但價格優勢仍然幫助它占據了市占率的領先地位。二〇二一年，五菱宏光MINIEV在中國市場累計銷量為四十二萬六千輛，名列中國電動汽車市場單一車型銷量第一（對比之下，二〇二一年，特斯拉在中國市場的銷量為三十二萬輛）。

❼ 常旅客計畫（Frequent Flyer Program）是指航空公司或酒店向常客推出的以里程或積分累計獎勵，以兌換免費機票、商品和其他服務的促銷手段。

洞察顧客：獲得諾貝爾獎的行銷底層思維

洞察顧客對於企業至關重要。顧客究竟是如何進行決策的？顧客的決策是否遵循一定的規律？在過去幾十年裡，大量的行為經濟學、消費者心理學、消費者行為學等領域的研究者對此進行研究，其中有些研究成果還獲得了諾貝爾經濟學獎。下面我簡單介紹獲得諾貝爾經濟學獎的兩個非常重要的顧客決策規律：損失規避和心理帳戶。

一、損失規避理論

讓我們一起來做一個實驗。假設你獲得了一個獎，現在你有以下兩個選擇：

A. 確定性地得到一百元。

B. 有百分之五十的可能性得到二百元，還有百分之五十的可能性什麼都得不到。

這時你會怎樣選擇？如果你的選擇是A，那麼恭喜你，你和大多數人的選擇是一樣的，大多數人都選擇安全沒有風險的選項A。

接下來請看下面這個問題。如果你現在已經有二百元，有兩個選項讓你選：

A. 損失一半，也就是確定性地損失一百元。

B. 有百分之五十的可能性完全損失這二百元，還有百分之五十的可能性不會有任何損失。

這時你會怎樣選擇？實驗資料表明，大多數人會選擇B，願意冒險選擇賭一把的人變多了。

如果比較一下上面的兩個問題，你就會發現，其實它們的選項A的最終結果是一樣的，都是確定性的一百元；它們的選項B的最終結果也是一樣的，都是百分之五十的可能性有二百元、百分之五十的可能性一無所有。這說明傳統經濟學的理性人假設並不成立。因為，如果人們真的理性，那麼偏好就不會逆轉，而會保持一致。

如果進一步認真分析，我們就會發現在第一個問題裡，A是確定性的收益，B是不確定性的收益。換句話說，A是沒有風險的收益，B是有風險的收益。大多數人選擇A的結果說明，大多數人在面對收益的時候，是不喜歡風險的。相反，在第二個問題裡，A是確定性的損失，B是不確定性的損失。大多數人選擇B的結果說明，大多數人在面對損失的時候，是喜歡風險的。

一九七九年，美國普林斯頓大學的心理學家丹尼爾·康納曼（Daniel Kahneman）

教授和史丹福大學的心理學家阿摩司．特沃斯基（Amos Tversky）教授最早研究了人們厭惡風險這一現象，並提出著名的前景理論（Prospect Theory）來解釋人在不確定性下的決策和行為。基於其提出的前景理論等在心理學和行為經濟學上的重大發現，二〇〇二年，康納曼教授榮獲諾貝爾經濟學獎。令人遺憾的是，特沃斯基教授在一九九六年已經去世，未能分享該殊榮。

獲得諾貝爾獎的前景理論發現：**一、當面對收益時，人們會進行風險規避；二、當面對損失時，人們反而會進行風險尋求；三、人們對損失比對收益更加敏感，因此人們會進行損失規避（loss aversion）。**

也就是說，人們面對收益和損失的風險承受能力是不對稱的：人們會為了避免損失而承受更多的風險（更喜歡「賭一把」），但在面對同樣數量收益的時候，很少有人會鼓起勇氣去承受風險（更喜歡確定的收益），而且人們對損失的敏感度遠遠超過對收益的渴望。

損失規避的現象在生活中極為普遍。利用人們對損失的規避心理，很多行業創造了不可思議的賺錢機會。比如化妝品行業，它利用的是青春和美的流逝給女人帶來的失落感。即使你在鏡子裡並沒有看到皺紋的出現，它也會讓你相信，如果沒有那瓶昂貴的抗皺面霜，青春就將很快消失。同樣的還有保險業，它的成功在於讓人們看到這個世界是動盪不安的、充滿混亂和災難的。至於製藥業和保健品行業的成功，則建立在人們對各種疾病和「亞健康狀態」的恐懼上。

「損失規避」給化妝品、保險、製藥和保健品等行業帶來的商機有多大，從以下資料中可見一斑：在中國，化妝品行業每年投入的廣告宣傳費用大約是三百五十億元人民幣；在美國，保險公司每年要花費三十億美元用於廣告促銷；很多中國製藥公司在廣告上的花銷大大超過了它們在藥品研發上的投入。

這些行業之所以會花大量的費用在宣傳上，並非沒有依據。正是對損失的敏感和對規避損失的迫切需要，使得消費者追捧並熱衷購買化妝品、保險、藥物和保健品等「預防損失」的產品。更重要的是，擁有這些產品會給他們一種穩定感和安全感，從而讓他們在面對各種未知因素的時候不至於束手無策。

這種安全感對消費者來說非常重要，甚至超過了這些產品實際能夠發揮的功能和作用。很多行業也由此發掘出了損失規避的商業「潛規則」：讓顧客相信產品能夠做什麼，往往比產品實際能做到什麼更重要。

二、心理帳戶理論

心理帳戶（mental accounting）的概念及其理論在一九八〇年被首次提出，提出人是行為經濟學的另一位奠基人和消費者決策心理學領域最有影響力的學者之一、芝加哥大學的理查德．塞勒（Richard Thaler）教授。正是由於他在心理帳戶理論等消費者心理學和行為經濟學上的重大貢獻，二〇一七年，他榮獲諾貝爾經濟學獎。

那麼，讓塞勒獲得諾貝爾獎的心理帳戶理論究竟是什麼呢？心理帳戶理論認為，人們不僅有對物品分門別類的習慣，對於錢和資產，人們一樣會將它們分別歸類、區別對待，在頭腦中為它們建立各種各樣的帳戶，從而管理、控制自己的消費行為。通常這種做法是在不知不覺中完成的，人們感覺不到心理帳戶對自己的影響。但人們如何將收入和支出歸類，卻可以直接影響他們的消費決策。

我們不妨做個實驗。假設你住在北京，今晚在國家大劇院有一場非常棒的音樂會，你想去聽，於是你提前買了一張價值一千元的音樂會門票。然而，當你準備從家裡出發去國家大劇院的時候，你發現音樂會門票丟了。你知道，音樂會這樣的陽春白雪，這麼貴的門票看的人不多，現場還有門票，你可以再花一千元買到同樣的票。問題是：你現在願意去現場再花一千元買一張門票嗎？

你的回答是什麼？我每次在清華課堂上做這個實驗，大多數人的選擇都是不願意再花一千元去買一張門票。

接下來，我把剛才的版本稍微改一下。假設你住在北京，今晚在國家大劇院有一場非常棒的音樂會，你想去聽，票價是一千元。你並沒有提前買票，因為你知道音樂會這樣的陽春白雪，這麼貴的門票看的人不多，現場隨時可以買到門票。然而，就在你準備從家裡出發去國家大劇院的時候，你發現錢包裡有一張一千元的購物卡丟了。請問，你還會繼續去國家大劇院花一千元買票聽音樂會嗎？

你的回答是什麼？大多數人的選擇是繼續去買票。

這兩個場景有什麼不同？在第一個場景裡，丟的是一千元的音樂會門票；在第二個場景裡，丟的則是一千元的購物卡。在這兩種情況下，你的個人資產都損失了一千元，在銀行或者經濟學家眼裡，這兩種情況沒有任何不同。然而為什麼大多數人會有不同的回答？

這是因為，在人們心裡，音樂會門票一千元和購物卡一千元的意義是不一樣的。前者代表娛樂預算，既然丟了，再花一千元在音樂會門票上就意味著超支，相當於要花二千元購買一張音樂會門票，這讓大多數人很難接受。後者是購物卡，它丟了並不影響娛樂預算，我們仍可以繼續花錢買票聽音樂會。這兩種情況儘管實質上都是丟了一千元，卻導致了人們完全不同的消費決定。

所以，在人們的心目中，的確存在著一個個隱形的帳戶：該在什麼地方花錢，花多少錢，如何分配預算，如何管理收支，總要在心中做一番平衡規劃。當把一個帳戶裡的錢花光了的時候，人們就不太可能再去動用其他帳戶裡的資金，因為這樣做打破了帳戶之間的獨立和穩定，會讓人感到不安。

請記住，要說服人們增加對某項花費的預算是很困難的，但要改變人們對某項花費所屬帳戶的認識相對容易。換句話說，如果人們不願意從某個帳戶裡支出消費，只需要讓他們把這筆花費劃歸到另一個帳戶裡，就可以影響並改變他們的消費態度。

與損失規避理論對保險、化妝品、保健品等行業有重要的行銷啟示類似，心理帳戶理論也有非常重要的行銷實踐啟示。接下來，我將和大家分享心理帳戶的兩個行銷啟示：禮物行銷和最好的禮物是什麼。

三、禮物行銷：如何讓顧客心甘情願花高價下單？

企業要想讓顧客心甘情願下單，有時需要改變他們對心理帳戶的認知。這是因為不同的心理帳戶對價格的接受程度是不一樣的。比如，在「日常開銷」帳戶裡，人們可能會覺得一件東西貴，但如果把它歸入「禮物」這個帳戶，人們就不會覺得它貴了。這意味著，如果人們把一件商品看成禮物，他們對價格的接受程度就會相應提高。

對企業來說，這是一個好消息。如果某件產品作為「日常用品」不太好賣，就可以把它包裝起來，作為「禮物」來賣。這樣做正是利用了人們對心理帳戶劃分的主觀性：一件商品既可以被看成「日常用品」也可以被看成「禮物」。所以，問題的關鍵在於改變人們對這筆消費的感知和帳戶歸屬。

例如，著名的茅台酒就主要是作為禮物來進行行銷的。茅台酒統一零售價一千四百九十九元人民幣，但大多數人根本買不到，真正的市場價在三千元左右。這麼貴的酒，很少有人捨得買回家自斟自飲。然而，在求人辦事時，很多人卻捨得買茅台酒作為禮物，請對方在宴席上喝或者送給對方帶回家。可以說，茅台成功地把自己與其他所有白酒差異化了，成為中國人眼中在請客吃飯時讓人最有面子的酒。其實，喝茅台並不是喝酒，送茅台也不是送酒，本質上都是拉關係和求人辦事。中國人講究人情關係，誰不求人辦事？如果你要求人辦事，買什麼酒最好？當然是最貴的茅台才能體現你的誠意！這就是茅台成功的祕密。也正因為如此，茅台不可思議地成為A股市值老大。截至二〇二二年十月七日，茅台的市值達到二點三五兆元，位列A股第一，高於中國工商銀行、中石油、中石化的市值。茅台的市值甚至超過其所在地貴州省一年的GDP，非常不可思議。

無獨有偶的，著名的腦白金也主要是作為禮物來進行行銷的。史玉柱在進行市場調查時發現，中國的老一輩人吃苦吃慣了，所以對自己很摳門兒，不捨得花錢買保健品。但如果是子女後輩買來孝敬他們，老人們倒是十分樂意接受。於是，史玉柱得出結論：腦白金的行銷對象不是老年人，而是年輕人。因此，史玉柱最後推出這樣的廣告語：「今年過節不收禮，收禮就收腦白金。」可以說，這句廣告語已經家喻戶曉，成為最典型的禮物行銷廣告語之一。

四、最好的禮物是什麼？

如果傳統經濟學理論是對的，現金將是最好的禮物，因為它可以購買任何東西，而東西一旦到手就無法換回同等價值的現金。然而，我們都知道這是荒謬的。如果一個男人向一個女人求愛，不是獻給她一束價值二百元的玫瑰，而是直接送二百元現金給她，估計求愛會立刻失敗。由此可見，傳統經濟學裡「現金大於等於任何同價值的商品」這個假設在現實生活中是不成立的。

那麼，究竟什麼是最好的禮物？在對心理帳戶和送禮行為的研究中，理查德·塞勒教授發現，最好的禮物就是收禮人自己非常喜歡但又捨不得買的東西。例如，名牌圍巾和皮包、保時捷跑車等奢侈品，或者海外度假、進口巧克力等享樂品，都是非常好的禮物。這是因為儘管人們通常非常喜歡奢侈品或享樂品，但他們往往捨不得買給自己（奢侈品或享樂品都不是工作或者生活的必需品，因此在人們心理帳戶裡的預算限制較緊）。而如果收到這樣的禮物，人們就會非常開心。

舉個我自己的例子。二〇一一年，清華大學派我去印尼首都雅加達為當地的華人企業家講一天課。由於印尼太遠，從北京飛到雅加達大約要十個小時，來回就要二十個小時，我就不是特別樂意去。畢竟，只是講一天課，總共就要花費我三天的時間。這時，當地的聯合主辦方想到了一個辦法，邀請我講課之後順便去印尼的峇里島度假玩幾天。峇里島作為度假勝地舉世聞名，但我還沒去過，聽到這兒，我就毫不猶豫地答應了。

事實上，如果計算一下，就會發現主辦方邀請我順便去峇里島度假幾天並不需要花費太多，兩晚的峇里島五星級酒店住宿，加上雅加達往返峇里島的機票，只需要人民幣幾千元就夠了，但對吸引我去雅加達講課起了非常關鍵的作用。反之，如果不是用免費的峇里島度假來吸引我，而是直接把這幾千元加到給我的講課酬金裡，就對我沒有任何吸引力。畢竟，我的銀行賬戶並不缺這幾千元，我真正缺的確實是度假。直到今天，我仍然會回憶起那次峇里島度假的快樂時光。

由此看來，免費的海外度假作為禮物或者獎勵真的非常有效。很多公司為了激勵員工，也會獎勵免費海外度假。而如果換成與免費海外度假等值的現金，激勵效果對一些人來說就明顯不如免費海外度假。很多企業在年終大會上會給公司的銷售冠軍獎勵一輛寶馬汽車，也是同樣的道理。為什麼不直接發錢？原因是發了錢之後，大多數人就捨不得拿去買寶馬汽車了，而是更可能存起來買房子或者給孩子當學費。而獎勵寶馬汽車之後，獲獎的員工每次開車時都會想起公司的激勵，從而更加努力地工作，這對其他員工也是很好的鼓勵（只要努力實現優秀業績，你也可以獲得獎勵），從而鼓舞了全公司的士氣。

篇幅所限，我對顧客洞察中的兩個獲得諾貝爾獎的偉大發現——損失規避和心理帳戶——及其對行銷實踐的啟示的討論告一段落。我曾經寫了一本書《理性的非理性》，裡面介紹了大量的行為經濟學和消費者行為學的研究成果，可以幫助企業洞察顧客的決策規律，感興趣的讀者可以進一步閱讀。

市場調查：行銷決策為什麼不能「拍腦袋」？

企業在進行行業分析時，需要對顧客、競爭者等進行深入的市場分析，而為了獲得資料，往往就需要做市場調查。

一、為什麼需要市場調查？

很多企業家在做市場決策時喜歡憑直覺和經驗。然而，不管企業家過去多成功、多有經驗，直覺和經驗都有失靈的時候。下面以電腦行業為例，我們來看看幾位著名企業家曾經做出的錯誤判斷。

一九四四年，世界上第一台大尺度自動數位電腦誕生了。那時，ＩＢＭ已是全美最大的商用機器公司，其主要產品包括打字機、打孔卡片、打孔機、字母製表機、會計電腦等系列產品。被譽為「電腦之父」的ＩＢＭ創始人湯瑪斯．沃森當時資助哈佛大學的電腦專家霍華德．艾肯（Howard Aiken）博士，研發出了世界上第一台自動順序控制電腦「馬克一號」。這台電腦長十五點五米，高二點四米，看起來像火車的一節車廂（二〇一九年，我帶領中國企業家訪問哈佛大學，一起到現場看過這台龐然大物）。看到這台計算機之後，湯瑪斯．沃森認為，儘管電腦能夠解決重要的科學計算問題，但是價格昂貴，幾乎沒有人肯出資買這樣一台機器，電腦的前途非常渺茫。因此，他說：「這個世界大約需要五台電腦就夠了。」然而，湯瑪斯．沃森的兒子小湯瑪斯．沃森卻深信，到一定時候，電腦將具有巨大的市場，父子時常因此而爭論不休。一九四九年，湯瑪斯．沃森決定放權讓兒子小湯瑪斯．沃森去發展電腦。一九五六年，湯瑪斯．沃森去世，小湯瑪斯．沃森成為ＩＢＭ總裁。在他的努力之下，ＩＢＭ最終成為二十世紀五〇年代到七〇年代電腦行業獨佔鰲頭的藍色巨人。

事實上，湯瑪斯．沃森不是唯一一個做出錯誤判斷的電腦行業先驅。被譽為「小型機之父」的電腦公司DEC（數位設備公司）創始人肯尼斯．奧爾森（Kenneth Olsen）也曾犯下類似的錯誤。在DEC之前的IBM時代，電腦就是大型機，是猶如火車車廂的龐然大物。而肯尼斯．奧爾森成功發明了體積相當於電冰箱的小型機，這一成就非常偉大，使DEC在二十世紀七〇年代成為僅次於IBM的電腦公司。然而，即使這麼偉大和成功，肯尼斯．奧爾森也在一九七七年做出了錯誤的判斷：「沒有理由讓任何人在家裡擁有一台電腦。」

確實，這兩位電腦先驅無論如何也想不到電腦後來會進入個人電腦時代。一九七五年，比爾．蓋茲和保羅．艾倫（Paul Allen）聯合創立了微軟公司；一九七六年，史蒂夫．賈伯斯和史蒂夫．沃茲尼克聯合創立了蘋果公司。這兩家公司後來共同引領電腦行業進入個人電腦時代。現在，許多人家裡都有不止一台電腦了。如果把智慧手機也看成電腦（確實，現在一部小巧的智慧手機已經在運算速度、記憶體、功能等各方面輕鬆秒殺二十世紀五〇到八〇年代的各種電腦了），那麼許多人都有不止一台電腦。

偉大如史蒂夫・賈伯斯也曾經做出錯誤的判斷。二〇〇七年，賈伯斯宣布蘋果公司推出觸屏智慧手機iPhone，隨後獲得了巨大的成功。然而，面對競爭者紛紛開始模仿並推出更大螢幕的智慧手機，蘋果公司卻一直堅持不改變螢幕大小：從二〇〇七年的第一代iPhone到二〇一一年的iPhone 4S，iPhone的螢幕尺寸一直保持在三點五英寸。面對競爭對手的來勢洶洶、消費者的抱怨和媒體的質疑，賈伯斯數次公開斷言：「三點五英寸是最適合人類的螢幕大小，超過這個最佳尺寸的手機將鮮有顧客問津。」蘋果公司的這個錯誤一直到二〇一四年才由賈伯斯的繼任者提姆・庫克（Tim Cook）改正：那一年，蘋果公司推出了iPhone 6大螢幕手機，並創下了迄今為止各代iPhone都未能突破的銷量紀錄——超過二點七億支。

由此可見，即使是湯瑪斯・沃森、肯尼斯・奧爾森和史蒂夫・賈伯斯這樣的偉大人物，也都會做出對市場的錯誤判斷。正因如此，企業需要深入傾聽顧客的聲音，並進行科學的市場調查。

需要指出的是，企業能否科學地進行市場調查非常重要。如果市場調查的樣本有偏差，從而導致結果有偏差，這並非市場調查的問題，而是因為企業沒有進行科學的市場調查。例如，二〇一六年美國總統大選中，很多調查機構都預測希拉蕊將當選，而川普將落選。然而，最後川普當選，這一結果令這些調查機構跌破眼鏡。究其原因，主要就是樣本偏差（被調查的對象大多數是支持希拉蕊的選民）和投票率偏差（由於很多支持希拉蕊的選民覺得穩操勝券，不差自己一票，他們最後並沒有去投票）。

美國市場行銷協會給市場調查的定義是：「市場調查是透過對資訊的確定、收集、分析和解釋，幫助行銷者瞭解市場環境、識別問題和機遇，並制定和評估行銷活動的過程。」

市場調查的作用如下：

1. 幫助科學決策：從市場調查的定義可以看出，市場調查的主要作用就是透過對資訊的確定、收集、分析和解釋，幫助企業決策者進行科學的行銷決策。如果沒有市場調查的幫助，企業決策者的決策就可能是「拍腦袋」，結果就可能造成很多荒謬的預測，就如上述的眾多例子。可以說，市場調查是決策者的高級智囊。

2.降低風險和不確定性：透過市場調查，決策者得以進行科學的決策，從而降低決策的風險和不確定性。如果沒有信息就進行「拍腦袋」決策，決策者面臨的風險和不確定性就非常大，這就如行軍打仗沒有地圖或者敵軍情報。

3.增加成功的可能性：與沒有資訊的「拍腦袋」決策相比，有了市場調查帶來的資訊，行銷者的決策就更加可能成功。企業如果非常瞭解顧客的需求，其推出的新產品成功的可能性就會大大提高。

請記住，市場調查並不保證企業的成功。事實上，由於市場的不確定性，沒有任何預測可以保證百分之百的準確。如果有人宣稱自己可以百分之百預測未來，那麼他只要靠投資股票即可成為世界首富，又何必辛苦工作呢？因此，千萬不要相信那些不講科學的算命先生或者所謂的可以預測未來的超能力人士！

為了更好地理解市場調查的作用，我們可以將市場調查看作行銷決策者和市場環境之間的關鍵橋樑。也就是說，市場調查的主要作用是為行銷決策者提供相關的資訊（宏觀環境、行業環境、顧客洞察、現有行銷組合策略等），從而幫助行銷者更好地做新的行銷決策（市場區隔、目標市場選擇、市場定位、行銷組合策略等），降低風險和不確定性，增加成功的可能性。

二、市場調查過程

市場調查過程通常包括如下六個步驟：

1.定義問題（problem formulation）：定義問題是市場調查的第一個步驟，也是最重要的步驟。如果問題定義錯了，那麼後續的市場調查就會犯方向性的錯誤，不但造成時間和人力財力的浪費，而且可能導致企業無法及時做出科學的行銷決策，產生嚴重後果。

2.研究設計（research design）：研究設計是市場調查的藍圖，是研究者進行研究的計畫。在研究設計階段，研究者必須根據研究問題，選擇研究方法（探索性研究、描述性研究或因果性研究），並規劃具體的資料收集設計、資料收集及資料分析等步驟。研究設計必須保證和行銷決策問題的相關性（研究結果可以幫助行銷者做更科學的決策），以及行銷研究在經濟上、時間上的可行性。

3.資料收集設計（data collection design）：根據研究設計所選擇的研究方法，研究者在資料收集設計這一階段需要選擇對應的具體研究方法。例如，如果研究設計確定將使用探索性研究，則研究者在具體研究設計階段需要選擇具體的探索性研究方法（二手資料法、一對一深入訪談法、焦點組訪談法、觀察法、影射法等）。在資料收集設計階段，研究者還需要進行測量和量表設計、問卷設計、抽樣設計等工作，以便為資料收集做好準備。

4.資料收集和準備（data collection and preparation）**：**數據收集和準備分為資料收集和資料準備兩個階段。在資料收集階段，研究者應該制訂資料收集工作的計畫，進行人員培訓，執行資料收集計畫，覆核資料，並進行總結和評估。數據收集的方法包括入戶訪問、商場攔截訪問、電話訪問、郵寄問卷、電子郵件問卷、網路問卷等。在資料準備階段，研究者需要對資料進行審核、編輯、編碼、錄入、清理和調整等，以便研究者可以對研究資料進行分析。

5. 資料分析和解釋（data analysis and interpretation）：在資料分析和解釋階段，研究者首先需要對研究資料進行描述性統計等初步分析，然後對研究假設進行統計檢驗。根據研究問題和資料特徵，研究者可以運用列聯表分析、均值比較、方差分析、相關與回歸分析、因數分析、聚類分析、多維尺度分析和感知圖、聯合分析等多種統計方法。最後，研究者需要解釋統計分析所得出的研究結果。

6. 報告研究結果（research reporting）：在這一階段，研究者需要將研究結果報告給行銷決策者，以幫助其做科學的行銷決策。報告研究結果通常包括撰寫書面研究報告和做口頭報告。書面研究報告的內容主要包括執行總結、研究問題、研究框架、具體研究設計、資料收集、資料分析、研究結果、研究局限性、研究結論和建議等部分。而口頭報告是行銷研究者與行銷決策者進行直接溝通的重要過程。

三、市場調查案例：達英-35和媽富隆避孕藥

在德國先靈（Schering）公司攜其女性日常避孕藥達英-35（Diane 35，台譯「黛麗安糖衣錠」）進入中國市場前，為了更好地瞭解潛在用戶，先靈公司在中國多個城市進行了長達數年的市場調查，主要探究中國女性關於避孕的知識、態度和觀念，選擇何種避孕方法，以及如何購買避孕藥。

研究結果的確令人震驚，研究表明：

一、只有很小一部分（少於百分之二）女性使用日服避孕藥，而在西方國家，這一比例是百分之四十。

二、雖然醫學專家都認為選用其他的避孕方法會更好一些，但由於缺乏避孕藥知識

和資訊，許多女性使用過長效避孕藥或緊急避孕藥。

三、不同於西方國家，在中國，女性通常和她們的伴侶共同決定和選購避孕用品。基於這一發現，先靈公司決定將男性也納入其調查範圍。

四、藥店銷售人員在女性選購避孕產品的過程中起很大的作用。

基於這些調查結果，先靈公司調整了其行銷和溝通策略，改以顧客教育為主。他們也積極與政府機構合作，致力於女性避孕常識的普及。因此，先靈公司非常成功地打入了中國市場。

先靈公司的達英-35避孕藥的直接競爭者——荷蘭歐加農（Organon）製藥公司的媽富隆避孕藥（Marvelon），也獲得了類似的顧客洞察。媽富隆雇用了一家負責零售業點對點資料獲取和貨架管理的公司——尤尼森公司來進行市場調查。尤尼森公司調查了中國數千家藥房，密切關注周圍的社區人口和附近的地方醫院。相應地，媽富隆也組織了藥品銷售人員在女子醫院附近的高收入小區開展了一些有效的知識普及。

對任何一家企業來說，獲得顧客洞察都至關重要。德國先靈公司和荷蘭歐加農製藥公司（先靈公司於二〇〇六年被拜耳公司收購；歐加農製藥公司於二〇〇七年被先靈葆雅公司收購，於二〇〇九年隨著先靈葆雅公司併入默克公司，默克公司又於二〇一四年將旗下消費保健部門出售給德國拜耳公司。因此，目前達英-35和媽富隆均為拜耳公司旗下產品）都發現了其他競爭者的遺漏點，也找到了最有效的行銷方式——顧客教育。它們的溝通策略都以直接向女性提供精確而詳細的資訊為主，這種方式與其在本國市場（德國、荷蘭）所採用的情感訴求方法完全不同。

在有些方面，中國消費者的消費行為和決策習慣與西方消費者大同小異。在另一些方面，二者又完全不同。行銷調查，尤其是針對消費者決策過程的調查，對於企業制定正確的行銷策略至關重要。有時，企業複製其他地區已獲成功的行銷方案也並無不可，但中國企業不能一味地盲目模仿。在模仿之前，應該先做一份細緻的行銷調查，確認在其他國家或地區獲取成功的行銷方案背後潛在的假設在中國也行得通。記住，行銷調查並不能保證企業成功，卻能協助做出更好的行銷決策。

四、市場調查的局限性

市場調查對科學的行銷決策有非常大的輔助作用，但並不是萬能的。因此，我們必須清楚地認識市場調查的局限性。與市場調查的三個作用對應，市場調查的局限性也有三個方面：

1.無法替代決策：市場調查可以幫助行銷決策者做科學的決策，但是並不能替代行銷決策者的決策。換句話說，市場調查只能為決策者提供與其決策相關的資訊，但是並不直接形成決策。

2.無法消除風險和不確定性：這和前文說到的任何人都無法百分之百準確地預測未來是一致的。

3. 無法保證成功：市場調查透過對資訊的確定、收集、分析和解釋，可以幫助行銷者進行科學的決策，增加成功的可能性，但是並不能保證成功。這和無法消除風險和不確定性是一致的。此外，一項行銷決策的成功還取決於多個因素，例如執行決策的能力。如果無法很好地執行一項決策，那麼該決策同樣可能失敗。

以上，我簡單分享了企業為什麼要進行市場調查，以及市場調查的定義、用途、過程和方法，感興趣的讀者可以進一步閱讀專業的市場調查書，或者學習專業的市場調查課程。儘管企業家本人並不需要學會自己進行市場調查，但是對市場調查有所瞭解仍然非常必要。企業家至少要知道，什麼時候需要請專業的市場調查公司幫助進行市場調查。因為如果根本不知道市場調查，企業家就容易犯下一切決策靠「拍腦袋」的錯誤。

第 3 章

市場策略

市場區隔、目標市場選擇和市場定位

一九八七年，四十三歲的退伍軍人任正非遭遇了他人生中的「至暗時刻」：因為在經營中被騙二百萬元而被國企南油集團除名，同一年又與妻子離婚。然而，正是在那一年，任正非卻大膽借了二萬一千元在深圳創立了華為公司。二〇二一年，華為的銷售收入高達六千三百六十八億元。在二〇二二年的《財星》全球五百強榜單中，華為排第九十六位。此外，在二〇二二年Interbrand全球品牌百強排行榜上，華為仍然是中國唯一入選的品牌，並已連續八年上榜。

華為成功的祕密是什麼？可以說，華為的成功離不開其創始人任正非在市場策略上的遠見卓識。創立初期，華為的主要業務是代理銷售一家香港公司的用戶交換機（PBX）。當時，華為的交換機代理生意做得不錯，成功賺得第一桶金。然而，任正非慢慢發現越來越多的競爭對手開始進入交換機代理市場，於是他做出了華為歷史上第一個重要的市場策略決策：從代理別人的交換機轉向研發自己的交換機。

一九九〇年，華為開始自主研發面向酒店與小企業的PBX技術並進行商用。一九九二年，華為開始研發並推出農村數位交換解決方案。當時，任正非是孤注一擲靠借款進行交換機研發的。一九九三年年底，華為成功研發出C&C08交換機。由於價格比國外同類產品低三分之二，華為迅速占領了市場。一九九五年，華為銷售額達十五億元人民幣，主要來自中國農村市場。一九九七年，華為推出無線GSM（全球移動通信系統）解決方案，並在一九九八年將市場拓展到中國主要城市。

任正非這個「農村包圍城市」的策略後來還被華為成功應用到全球市場的競爭中，先去亞非拉發展中國家和地區獲得市場（這些地方的競爭相對沒那麼激烈，而華為的低價格在這些地方有明顯的優勢），再去歐美發達國家市場進行競爭。一九九九至二〇〇〇年，華為先後拿下了越南、寮國、柬埔寨和泰國的GSM市場。隨後，華為又把優勢逐漸擴大到中東地區和非洲市場。二〇〇〇年，華為在海外市場的銷售額達到一億美元。二〇〇二年，華為在海外市場的銷售額突飛猛進，成長到五點五二億美元。二〇〇四年，華為獲得荷蘭營運商Telfort超過二千五百萬美元的訂單，首次實現在歐洲的重大突破。到二〇〇七年年底，華為已成為歐洲所有主流營運商的合作夥伴。二〇〇八年，華為為加拿大營運商Telus和Bell建設下一代無線網路，並被《商業週刊》評為全球十大最有影響力的公司之一。二〇〇九年，華為在無線接入市場占有率躋身全球第二，並且成功交付全球首個LTE／EPC（長期演進技術／第四代移動通信技術核心網路）商用網路，獲得的LTE商用訂單數居全球首位。

正是基於「農村包圍城市」的市場策略，一開始技術落後的華為慢慢打敗了技術領先的若干跨國巨頭，包括阿爾卡特－朗訊、諾基亞、摩托羅拉等。二〇〇九年，華為營收一千四百九十一億元人民幣，其中來自海外市場的收入占比超過百分之六十。二〇一〇年，華為營收達一千八百五十億元，第一次上榜《財星》全球五百強，並成為全球第二大電信設備提供商，僅次於愛立信（Ericsson）。

就在一切似乎順風順水的情況下，任正非開始思考華為下一步的市場策略。首先，就在二〇一〇年，華為遇到了一些國家的阻力，包括二〇一〇年四月印度禁止進口華為產品和二〇一〇年六月歐盟對華為無線路由器發起反傾銷調查。也是在這一年，蘋果公司的iPhone 4在中國市場開始被瘋搶。於是，任正非決定，華為除了作為全球領先的電信設備提供商（B2B），還要大力進軍消費者智慧手機終端業務（B2C）。二〇一〇年十二月三日，任正非召開核心會議，正式宣布進軍智慧手機終端業務，而且把智慧手機終端業務與營運商業務、企業業務並列（在此之前，華為的終端業務規模很小，而且只是為營運商貼牌定制）。

可以說，這是華為的一個重要策略轉捩點。當時，很多海外營運商都反對華為進入消費者智慧手機業務，這相當於從原來各海外營運商的供應商變為它們的直接競爭對手。在華為內部，原來從事營運商終端業務的團隊也強烈反對。儘管面臨非常大的阻力，但是在任正非的堅定策略下，經過華為消費者業務負責人余承東及其團隊幾年的努力，華為一躍成為全球智慧手機的領先企業之一。二〇一四年，華為智慧手機發貨量超過七千五百萬支，華為首次登上Interbrand全球品牌百強排行榜。

二〇一五年，華為智慧手機發貨量超過一億支，在全球智慧手機市場進入前三，在中國市占率居首位。二〇一八年，華為智慧手機全球發貨量突破二億支，穩居全球前三，華為公司全年銷售收入首超千億美元。二〇二〇年，華為的銷售收入高達八千九百一十四億元人民幣。二〇二一年，儘管面臨手機晶片斷供的制裁，華為仍然以六千三百六十八億元的銷售收入在二〇二二年《財星》全球五百強榜單中排名第九十六。

總結華為的策略，與「農村包圍城市」策略一樣重要的是，華為始終根據行業發展趨勢，堅持行銷和創新兩條「腿」一起走路。任正非相信華為成功的關鍵在於其「以客戶為中心」的價值觀。「以客戶為中心」並非華為的獨特創造，而是全世界通用的商業價值觀。早在二十一世紀初，華為內部就在任正非的帶領下展開了一場大討論，討論的共識是：華為要高舉「以客戶為中心」的旗幟。在之後形成的華為四大策略內容中，第一條就是：為客戶服務是華為存在的唯一理由；客戶需求是華為發展的原動力。在二〇一〇年的一次會議上，任正非進一步指出：「在華為，堅決提拔那些眼睛盯著客戶、屁股對著老闆的員工；堅決淘汰那些眼睛盯著老闆、屁股對著客戶的幹部。」

創新是華為迅速成長的另一個重要元素。從一開始，華為在研發方面就有可觀的投入，嚴格遵循將每年收益的百分之十以上用於研發投入的政策。在早期，華為就擁有五百名研發雇員，卻僅有二百名生產雇員。為了從頂級院校吸引到最好的人才，華為開發了一個全國招聘系統，研發人員的薪水高得出奇。在華為公司，大約百分之五十的雇員在研發部門，其中又有大約百分之六十的研發員工擁有碩士或博士學位。在近十年裡，華為投入的研發費用累計超過七千二百億元人民幣。二〇一八年，華為的研發費用達到了一千億元，排在全球第四。二〇一九年，華為的研發費用進一步增加到一千三百一十七億元，占全年銷售收入的百分之十五點三。

透過高額的研發投入和高品質的研發人員，華為領導了整個行業的創新。事實上，早在二〇〇九年一月，華為就已成為世界上專利申請量第一的公司，也成為第一家登上聯合國世界智慧財產權組織（WIPO）名單榜首的中國企業。二〇一九年五月，華為5G專利數量高居全球第一，占全球總量的百分之十五。截至二〇二〇年年底，華為在全球共持有超過十萬項有效專利，其中百分之九十是發明專利。

如今，華為公司已經成為中國的驕傲。在競爭異常激烈、殘酷乃至血腥的全球電信設備製造業和智慧手機行業，阿爾卡特－朗訊、諾基亞、摩托羅拉、黑莓、HTC等曾經的全球巨頭的衰落與華為的崛起壯大無不印證著，誰能堅持行銷與創新兩條「腿」一起走路，誰就是贏家。

市場區隔和目標市場選擇：尋找市場機會的金鑰匙

在「大眾創業、萬眾創新」的今天，創業已成為許多人心中的夢想。然而，初創小公司是無法和大公司正面打仗的，因此尋找創業機會最重要的一個關鍵字就是——市場區隔。可以說，市場區隔是尋找市場機會的金鑰匙。

一、為什麼要進行市場區隔？

市場區隔源於一個簡單的事實：人和人是不同的。沒有任何公司的任何一種產品可以滿足市場上所有人的需求。這就給了很多初創企業全新的市場機會。

舉個例子，在當今中國的飲料市場上，農夫山泉、娃哈哈、王老吉、可口可樂、百事可樂等都是大公司，它們擁有很大的市占率。然而，最近幾年裡，卻有一個二〇一六年剛剛創立的品牌如一匹黑馬般出現在市場上，獲得了不少消費者的熱烈歡迎。這個品牌就是元氣森林。那麼，元氣森林成功的祕密究竟是什麼呢？其實很簡單，在二十年前甚至三十年前的中國，幾乎沒有肥胖的問題，也根本不像現在有這麼多人熱愛健身、跑馬拉松、去戈壁徒步、攀登雪山等。現在，中國經濟已發展到人均GDP一萬美元以上，中國正處於一個追求健康的時代，很多中國人，特別是一、二線發達城市的年輕人最擔心的問題之一就是肥胖：顯然，肥胖會顯得外形不佳，還會導致各種各樣的不健康，更會影響每個人在社交和婚戀等領域的吸引力。元氣森林的成功就在於它找準了一個全新的區隔市場：關心身材、追求健康的年輕人。然後，元氣森林針對這個目標市場推出了符合他們需求的飲料，其廣告語「零糖、零脂、零卡」也在一、二線城市家喻戶曉，從而成功地在飲料大市場中劃出了一塊屬於自己的地盤，並迅速發展。二〇一八至二〇二〇年，元氣森林銷售額成長得十分迅速，增幅分別為百分之三百、百分之二百和百分之三百零九。二〇二〇年，元氣森林實現年銷售額二十九億元人民幣。二〇二一年，元氣森林的年銷售額猛增至七十三億元人民幣，估值也高達一百五十億美元。當然，與年銷售額四百六十九億元人民幣的娃哈哈和年銷售額二百四十億元人民幣的農夫山泉比，元氣森林的規模還小很多。但是，這就是初創企業的成功之道。如果元氣森林想在礦泉水這樣一個大眾市場裡和娃哈哈、農夫山泉等大公司正面競爭，恐怕很難找到機會。

再以美國的汽車租賃市場為例。赫茲（Hertz）是美國市場排名第一的商務租車品牌，艾維士（Avis）是美國市場排名第二的商務租車品牌，它們分別成立於一九一八年和一九四六年。由於商務租車的主要顧客是因公出差的商務人士，他們對價格不太敏感，但是對服務和便利性要求比較高，於是這兩大品牌通常都在美國各大機場占據最好的位置（例如，機場到達大廳出口的正對面）設立汽車租賃服務點，很多時候它們所提供的車就停在機場的停車樓裡，顧客提車還車不但方便，而且節省時間。而在商務租車區隔市場之外，則是個人和家庭區隔市場。對個人和家庭區隔市場來說，顧客是自己付錢而非公司報銷，因此顧客對價格比較敏感，但是對服務和便利性要求比較低。於是，赫茲和艾維士分別有一個子品牌Dollar（意為美元）和Budget（意為預算）來服務旅遊和家庭市場。從品牌名Dollar和Budget就可以知道，這針對的是希望節約錢的個人和家庭區隔市場。於是，Dollar租車和Budget租車都大打低價牌，不過其租車點通常都位於比較偏的地方，需要乘坐免費大巴五～十五分鐘才能抵達。

在商務租車市場已被赫茲和艾維士占領，個人／家庭租車市場也已被Dollar和Budget占領之後，美國的汽車租賃市場還有機會嗎？答案是肯定的。不論是商務租車品牌赫茲和艾維士，還是個人／家庭租車品牌Dollar和Budget，它們都是服務異地汽車租賃需求的，因此都把服務網點放在機場。正是在這種情況下，美國Enterprise汽車租賃公司選擇了一個全新的區隔市場——本地汽車租賃。本地人在什麼時候會需要汽車租賃呢？Enterprise的答案是：當消費者自己的車需要維修的時候。大多數人都有過自己的車出現故障或出車禍等導致需要維修的經歷，一般維修都需要好幾天或者一兩周。而在美國大多數地方，由於家家戶戶都有車，公共交通不發達，當消費者自己的車需要維修時，就需要租賃汽車用於日常代步以便正常地工作和生活。因此，Enterprise公司就把服務網點放在汽車4S店或修理店。不要小看本地汽車租賃的需求，一九五七年成立的

Enterprise汽車租賃公司經過幾十年的發展，現在已成為北美最大的租車品牌，是不是感覺不可思議？

在（因出差或旅遊）異地汽車租賃和（因維修）本地汽車租賃市場被占領之後，美國的汽車租賃市場還有機會嗎？答案仍然是肯定的。不論是商務租車品牌赫茲和艾維士，個人／家庭租車品牌Dollar和Budget，還是本地租車品牌Enterprise，都是長時間租賃的，租賃時長至少是二十四個小時。然而，有一些消費者只需要短至幾個小時的汽車租賃，例如需要約會的大學生情侶們。美國大學生一般都住在校園裡或校園附近，如果大學生情侶需要約會幾個小時，例如去吃一頓浪漫的晚餐或看一場電影，他們是不希望乘坐計程車的，畢竟，情侶們肯定不喜歡計程車司機這個「電燈泡」。而且，上述在機場或者汽車修理廠提供汽車租賃服務的品牌都無法滿足他們的需求，不僅租賃時長不符合需求，服務網點也不符合需求。正是在這種情況下，美國Zipcar汽車租賃公司在二〇〇〇年橫空出世，主要在大學周邊和市中心（市中心也有一些沒有車的年輕人有同樣的需求）提供服務，汽車租賃時長短至可以按小時計算，結果受到大學生和市區年輕人等顧客的熱烈歡迎。

赫茲、艾維士、Dollar、Budget、Enterprise和Zipcar，這幾家公司的物理產品都是相同的（汽車），但它們基於顧客的不同需求（商務租車、個人或家庭旅遊租車、本地修車租車、本地短時租車）來提供不同的服務，從而成為各自區隔市場的領先企業，這就是市場區隔的力量。說市場區隔是尋找全新市場機會的金鑰匙，確實毫不誇張。同時，這些案例也再一次說明，行銷應該聚焦於顧客需要，而非產品。

二、如何進行市場區隔？

市場區隔這麼重要，那麼究竟該如何進行市場區隔？接下來，我向大家介紹幾種市場區隔的具體方法。

1. 地理區隔

地理區隔是市場區隔最自然的方法。由於語言和文化不同，國內市場和國外市場本身就有巨大的差異。全球最大的音樂電視網MTV就使用地理區域來進行區隔，在不同的國家和地區有不同的獨立國際頻道和不同的內容。MTV在亞洲就擁有十個二十四小時播放的音樂電視頻道，包括MTV中文（中國）頻道、MTV東南亞頻道、MTV印度頻道、MTV韓國頻道、MTV菲律賓頻道、MTV印尼頻道和MTV泰國頻道等。

即使在同一個國家內，也需要做地理區隔。由於中國幅員廣大，東北、華北、西北、華南、華中、華東、西南等不同地區的市場之間也有巨大的差異。以餐飲業為例。北京烤鴨在北京非常受歡迎，但到了廣州的話，可能就不如順德燒鵝受歡迎了。而在成都，烤鴨和燒鵝可能都無人問津了，因為當地最受歡迎的永遠是火鍋。

2. 人口區隔

人口因素包括年齡、性別、收入、職業、教育、宗教信仰、種族、民族、家庭人口數、家庭生命週期等。這些因素都是常用的非常有效的市場區隔方法。

以年齡為例。在洗髮精市場，全球日用品巨頭寶僑公司占據了最大的市占率。寶僑公司旗下有飄柔、潘婷、海飛絲（海倫仙度絲）等多個洗髮精品牌。那麼，對別的公司來說還有市場機會嗎？全球製藥巨頭嬌生公司就找到了一個全新的區隔市場——嬰幼兒市場。因為寶僑公司的飄柔、潘婷、海飛絲等品牌都是給成人用的洗髮精產品，而不是給嬰幼兒用的。於是嬌生公司就選擇了嬰幼兒這個區隔市場作為目標市場，跨界推出了著名的嬌生「無淚配方」嬰幼兒洗髮精。之所以叫「無淚配方」是因為很多父母在給小孩洗頭髮時發現小孩喜歡動來動去，洗髮精泡沫容易進入眼睛引起哭鬧，他們會覺得成人洗髮精的化學成分可能對孩子的眼睛刺激性較大。所以，嬌生公司的「無淚配方」嬰幼兒洗髮精一經推出，就立刻獲得了全球廣大父母的熱烈歡迎。嬌生公司也成為嬰幼兒洗髮精這個區隔市場上的絕對領先者，在全球擁有非常大的市占率。

再以家庭人口數為例。在汽車市場，通常的區隔方式是根據收入把市場區隔為經濟型汽車與豪華汽車，或者根據車型把市場區隔為轎車與SUV（運動型多用途汽車）。然而，在每一個區隔類別之下，其實還可以進一步區隔，以便更好地滿足部分消費者的需要。例如，二〇一六年，中國推出全面「二孩政策」。這就導致有相當一部分家庭總人口為六人：爸爸媽媽、兩個孩子、爺爺奶奶（或外公外婆）。而大多數汽車只有五個座位，不符合六人家庭的乘車需求。於是，道奇酷威就在中國市場推出了大七座SUV，並打出「加『兩』不加價」的廣告，強調與普通五座SUV相比，道奇酷威大七座SUV增加了兩個舒適的第三排座椅，讓全家出行、享受天倫之樂成為一種可能。二〇二一年，中國推出「三孩政策」，我們可以做出類似的推測，即部分家庭總人口數將為七人：爸爸媽媽、三個孩子、爺爺奶奶（或外公外婆）。因此，會有越來越多的家庭需要買七座車，七座車的市場需求將會增加。

無獨有偶地，家庭人口數也是房地產市場的重要區隔因素，因為房地產商需要決定開發的住宅或公寓應該以什麼戶型為主。在獨生子女時代，大多數家庭只需要兩居室或者最多三居室就夠了。但是，到了「二孩」或者「三孩」時代，就會有更多的家庭需要四居室甚至更多房間的戶型了。

在人口因素裡，收入、教育和職業這三個因素可以用來比較準確地判定一個人的社會階層。然而，如果收入、教育和職業這三個因素只能選一個，哪個能最準確地判定一個人的社會階層？正確答案是職業。因為，收入無法倒推出職業（一個人年收入一百萬元，你知道他的工作是什麼嗎），但是職業可能比較準確地推出收入（一個外科醫生或者一個大學教授一年收入多少，相對來說比較容易推出）。教育也無法倒推出職業（你知道一個本科畢業生的工作是什麼嗎），但是職業可能比較準確地推出教育（一個外科醫生至少要求本科學歷；一個大學教授至少要求研究生學歷）。

3. 心理區隔

與地理和人口因素相比，心理因素是更高級的一種區隔方法。心理因素包括生活方式、個性、購買動機、價值取向等。之前提到的元氣森林就是按生活方式進行區隔的——那些關心身材、追求健康生活方式的人，就是元氣森林的目標顧客。

再舉個例子，巨人集團和五糧液公司曾經合作推出一款酒——黃金酒。黃金酒的廣告語是「送長輩，黃金酒」。很顯然，黃金酒是以購買動機來進行區隔的。因此，黃金酒的目標顧客就是離開家鄉去一、二線城市工作的年輕人，這些人每年春節回老家看望父母和其他長輩親人時往往都需要帶禮物。

4. 行為區隔

與地理、人口因素相比，行為因素也是一種更高級的區隔方法。畢竟，行為是態度的體現，因此行為區隔往往非常準確。例如，二〇二〇年新冠疫情以來，自行車騎行再度流行起來。如果你是一家高級自行車的銷售商，但沒有太多廣告預算，你該去哪裡投放廣告？或許，把廣告傳單放到共用單車的車籃子裡會是一個比較精準的方法。事實上，這就是一種行為區隔──騎共用單車的那些人平時經常騎車。因此，完全可以勸他們買一輛屬於自己的高級自行車。

在瞭解了以上四種不同的市場區隔方法之後，讓我們一起做個市場區隔的練習。假設你是一家運動鞋品牌商，現在有四個潛在顧客：一個二十歲的男大學生，一個二十歲的女大學生，一個四十歲的中年男士（他的身分是企業高管），一個四十歲的中年女士（她的身分也是企業高管）。如果需要把這四個潛在顧客區隔為兩個市場，請問你會怎麼區隔？按年齡區隔，還是按性別區隔？抑或是按職業區隔？

我在清華大學的企業家課堂上問這個問題時，回答按年齡區隔和按性別區隔的學生都不少。通常，回答按年齡區隔的同學會多一些，因為他們覺得按年齡區隔和按職業及收入區隔恰好完全重合，這樣更加準確。然而，每次在聽完全班同學的回答之後，我都會告訴他們：不論是按年齡區隔，按性別區隔，還是按職業區隔，都不太準確。

接下來，讓我告訴大家這四個潛在顧客的額外資訊：二十歲的男大學生幾乎每天運動（在學校操場上打籃球、踢足球、跑步等），二十歲的女大學生幾乎不運動（確實，她根本沒有這個需要，因為她的身材處於人生中的最好階段），四十歲的中年男士也幾乎不運動（儘管他已經開始超重，有了明顯的大肚腩，但由於事業繁忙，他幾乎每週都在全國各地出差，是個「空中飛人」，根本沒空運動），四十歲的中年女士則幾乎每天運動（生了孩子之後，她的身材明顯不如二十多歲的時候，因此她現在非常重視運動，花很多錢辦了健身卡，還請昂貴的私人教練，每天在健身房裡練習瑜伽、游泳等，也經常做重力訓練和跑步）。知道了這四位潛在顧客的額外資訊，請問現在你會怎麼進行市場區隔？

當我在清華的企業家課堂上補充了這些資訊時，所有的同學都改變了他們原來的回答，覺得應該把每天運動的二十歲男大學生和四十歲中年女士看作同一個區隔市場的顧客，把幾乎不運動的二十歲女大學生和四十歲中年男士看作另一個區隔市場的顧客。由此可見，用行為進行市場區隔比用人口進行市場區隔更加準確。

事實上，知名運動品牌耐吉（Nike）的成功，就與其用愛好和行為進行市場區隔關係很大。一九六四年，史丹福大學畢業生菲爾．奈特（Phil Knight）創立了耐吉公司的前身藍帶體育公司（一九七二年推出耐吉品牌，後來改名為耐吉公司）。當時，德國的愛迪達（adidas）公司已經是全球運動用品龍頭，而藍帶體育公司僅僅是家初創企業。然而，由於菲爾．奈特自己曾經是個運動員，所以他對於運動員對運動鞋的需求理解得更深刻，並用行為區隔開創了著名的金字塔市場區隔模式：

金字塔的塔尖是專業運動員，他們對運動鞋的需求最大，要求也最高，但專業運動員在人口中的比例很小；金字塔的中間是業餘運動愛好者，他們對運動鞋的需求較大，要求也較高，而且他們的偏好會受到專業運動員的影響；金字塔的塔基是大眾消費者，他們對運動鞋的需求不大，要求也不高，但這部分人數量最多。於是，耐吉就專門製造運動鞋給專業運動員穿，並透過這些運動員來影響業餘運動愛好者和大眾消費者。耐吉的行銷策略很快獲得了成功，到一九八〇年，耐吉擊敗了愛迪達，成為美國運動鞋市場上的領頭羊。從一家初創企業到行業龍頭，耐吉只用了十多年的時間。直到今天，耐吉仍然保持著全球運動鞋行業老大的地位。截至二〇二二年十一月二十五日，耐吉的市值已經高達一千六百五十八億美元。

5. 行業區隔

如果是做B2B業務的企業，還可以用顧客所處的行業進行市場區隔。很多提供解決方案的IT（資訊技術）公司，如IBM會把客戶分為金融行業、電信行業、教育行業、醫療行業、製造業、服務業等多個區隔市場，並為不同的行業客戶提供不同的IT解決方案。施工工程企業如中鐵一局，也會把客戶按路橋交通、房地產、地鐵等不同行業進行區隔。

三、如何選擇目標市場？

企業在進行市場區隔之後，可以選擇一個或多個區隔市場作為自己的目標市場。

例如，航空公司一般分為兩種：傳統全服務航空公司和廉價航空公司。對傳統全服務航空公司而言，目標市場包括多種不同的乘客——富人、高層商務乘客（因公出差的大型企業高管，可以報銷）、普通商務乘客（因公出差，可以報銷）、經濟型乘客（因私旅行的普通家庭或個人等，無法報銷）等，航空公司會向這些乘客提供相應的不同艙位——頭等艙、商務艙、超級經濟艙、經濟艙。而對廉價航空公司而言，目標市場只有一種乘客——經濟型乘客，它們也相應地只提供一種艙位——經濟艙。

在全球航空業，美國西南航空公司被譽為行業標杆。西南航空公司總部位於美國德州達拉斯，儘管只營運美國國內航線，但西南航空在載客量上卻是美國排名第一和全球居於前列的航空公司，在美國市場，它的通航城市最多。與美國國內其他競爭對手相比，西南航空以「打折航線」聞名，是全球廉價航空公司的鼻祖。

然而在一九七三年，西南航空還只是美國市場上一家微不足道的小公司。西南航空為自己選擇的目標市場是經濟型乘客，這樣西南航空就明智地避開了與美國各大航空公司的正面交鋒，而另闢蹊徑地占領美國各大航空公司不屑爭取，但是潛力巨大的低價市場。

由於西南航空聚焦於經濟型乘客，提供的價格遠遠低於競爭對手。而西南航空能夠做到這一點，則是由於低成本和高效率的營運：西南航空的飛機上只有經濟艙座位，只有波音737一種機型以節約維修、培訓和人力成本（單一機型為駕駛員隨時接機飛行提供了方便），飛機上不提供餐食，飛機大幅提高營運效率等等。例如，為了節約時間，西南航空的機票不用對號入座，乘客們像在公共汽車上那樣就近坐下，這樣登機速度很快。這一切做法都是為了降低成本和提高效率，畢竟效率對於航空公司非常重要——飛機只有在天上飛時才能賺錢。事實確實如此，西南航空每架飛機平均每天在空中飛行的時間是美國各航空公司中最長的。總而言之，西南航空千方百計降低成本，最後的結果是它的機票價格可以同長途大巴的價格競爭，從而獲得了經濟型乘客的忠誠度。

與美國各大傳統全服務航空公司的主要航線都是樞紐機場不同，西南航空在航線的選擇上也避開美國各大航空公司，主要營運美國的二線機場，實施的是點對點直飛航線網路。相比之下，如果在美國二線城市之間飛行，美國各大傳統航空公司沒有任何優勢，不但價格高，還需要去樞紐機場轉機，導致時間更長。西南航空由於全部直飛，沒有經停點和聯程點，從而減少了航班延誤和整個旅行時間。在這些二線機場，飛機的過站時間也比一線機場少很多，相當於提高了飛機利用率。並且，西南航空的班次非常密集。一般情況下，如果你錯過了西南航空的某一趟班機，你完全可以在一個小時後乘坐它的下一趟班機。這樣高頻率的飛行班次方便了每天都要穿行於美國各城市的上班族，更重要的是，在此基礎上的單位成本的降低才是西南航空所追求的。

經過幾十年的迅速擴張和發展，西南航空這家廉價航空公司最後竟然發展成為美國國內最大的航空公司。二〇〇一年九一一事件後，幾乎所有的美國航空公司都陷入了困境，西南航空卻是唯一的例外。二〇〇五年，運力過剩和史無前例的燃油價格讓美國整個航空行業共虧損一百億美元，達美航空和美國西北航空都申請了破產保護，西南航空公司卻仍然保持盈利。從一九七三年到新冠疫情之前的二〇一九年，西南航空保持每年盈利，是美國民航業唯一能夠連續四十六年保持盈利的公司，創造了美國民航業的紀錄。

市場定位：如何在競爭中脫穎而出？

當選擇了一個或多個區隔市場作為自己的目標市場之後，企業總會在目標市場上發現其他競爭對手。這時，企業面臨的最大挑戰就是如何讓自己的品牌在競爭中脫穎而出，而它最重要的一個關鍵字就是定位。可以說，定位是企業進行市場競爭的利器。

一、什麼是定位？

所謂定位，就是品牌在目標顧客心智感知中所處的位置。定位是由艾爾・賴茲和傑克．屈特在一九七二年共同提出的，其含義是企業根據競爭品牌在市場上所處的位置，塑造自己品牌與眾不同的形象，並將這種品牌形象生動地傳遞給顧客。

由此可見，定位的核心是差異化。定位究竟有多重要？我們不妨一起來看看王老吉涼茶的成功祕密，這個案例被視為中國最成功的定位案例之一。涼茶是起源於廣東的中國傳統飲品，可以緩解在酷熱、潮濕的華南地區生活的人們的不適感。而王老吉是廣東地區著名的涼茶品牌，已有一百八十多年歷史。一九九五年，三十多歲的陳鴻道創立了加多寶集團，並獲得罐裝王老吉的二十年國內經銷許可，於是陳鴻道在他的出生地廣東省東莞市推出了第一款罐裝飲品王老吉涼茶。然而，由於可口可樂、百事可樂和娃哈哈等競爭對手飲料品牌的強勢地位，一直到二〇〇二年，王老吉涼茶仍然只是廣東和部分華南省份的區域性飲料品牌，銷售額僅為一點八億元。

當時，王老吉的廣告語是「健康家庭，永遠相伴」。這樣的品牌定位非常模糊，王老吉涼茶和其他飲料的主要差別究竟是什麼，消費者並不清楚，因此王老吉涼茶很難在消費者心中占據一席之地。二〇〇三年，加多寶公司花了五百萬元人民幣請一家定位諮詢公司做諮詢，最後獲得了一個非常獨特的定位——「怕上火，喝王老吉」。

五百萬元才買了「怕上火」這三個字？然而，這三個字後來證明其價值遠遠不止五百萬元。「上火」是一個被中國人廣為接受的傳統中醫概念。例如，大多數人覺得在熬夜之後會上火，吃火鍋等辛辣的食物會上火，或者到了秋季和冬季因為空氣乾燥也會上火……因此，「怕上火，喝王老吉」這個定位幫助王老吉涼茶在成百上千個飲料品牌中脫穎而出，在消費者心中成為敗火飲料的第一聯想品牌，也促使王老吉涼茶的銷售額呈現爆炸性成長：二〇〇三年，王老吉涼茶年銷售額達到六億元人民幣；二〇〇六年，王老吉涼茶年銷售額超過三十億元；二〇〇八年，王老吉涼茶年銷售額突破一百億元，超越可口可樂和百事可樂旗下的任何一個單一飲料品牌，坐上當時中國飲料市場單一品牌銷售額的第一把交椅。

二、如何進行定位？

由此可見，準確的定位確實有助於企業占據顧客心智和獲得市占率，在競爭中脫穎而出。那麼，市場定位有哪些具體的方法呢？接下來，我就為大家一一介紹。

1. 價格和品質

一般來說，價格和品質是正相關的。在同一個市場上，有些品牌選擇高價高質的定位，有些品牌則選擇低價低質的定位。例如，在美國現煮咖啡市場上，一杯星巴克咖啡大約需要五美元，而一杯麥當勞咖啡則只需要一美元。兩者四倍的價格差異自然就會給消費者不同的品質感知。因此，大多數商務人士會選擇在星巴克進行商務會談，而不會選擇去麥當勞。

在中國的礦泉水市場上，一瓶農夫山泉只需要一～二元，而一瓶依雲礦泉水則需要十～二十元。兩者十倍左右的價格差異自然也會給消費者不同的品質感知。因此，商務人士經常見面進行商務會談的五星級酒店的大堂茶座，通常只會銷售依雲礦泉水，而不會銷售農夫山泉。

2. 屬性

在同一價格等級上，經常會有許多品牌進行競爭。這時，企業可以利用屬性進行差異化定位。以豪華汽車市場為例。寶馬、賓士都是豪華汽車，給人的感知卻非常不同。寶馬的定位是「駕駛樂趣」；賓士的定位則是「高端商務」。在中國消費者的口碑中，經常有「開寶馬，坐賓士」這樣的說法，這就說明寶馬和賓士的定位在中國消費者的心中形成了明顯的差異：寶馬是成功人士喜歡自己開的車，而賓士則是成功人士坐的車，通常需要有一個司機開車。與寶馬、賓士等不同，另一個著名的豪華汽車品牌路虎的定位則是「越野」。在中國東北、西北等地，由於消費者對越野有較大的需求，因此定位於「越野」的路虎就獲得了消費者的青睞。

再以中國的智慧手機市場為例。三星手機的中國區高管曾到我的辦公室進行諮詢，希望瞭解近幾年三星手機在中國銷量不佳的原因。確實，作為全球市占率第一的智慧手機品牌，三星手機近年來在中國的市場表現卻相當差。當時，我對三星手機的高管說：「三星手機的定位不夠清晰。你們廣告做了很多，但三星手機到底代表什麼，消費者卻不清楚。」對方回問道：「難道其他手機品牌都有清楚的定位嗎？」我說：「當然。」

於是，我為他們仔細分析了中國市場上其他智慧手機品牌的定位。

第一，蘋果手機的定位是什麼？蘋果公司CEO提姆．庫克在發布iPhone 6大螢幕手機時，用了一句這樣的廣告語——「Bigger than bigger」，字面意思為「比『更大』還要大」）。中國網友把這句廣告語翻譯為「比逼格還有逼格[8]」，非常傳神。確實，蘋果手機的定位就是「逼格」，也就是有面子。

第二，華為手機的定位是什麼？為什麼華為創始人任正非的女兒孟晚舟被扣留在加拿大會引起全國人民的關注，她回國也受到了全國人民的歡迎？因為華為是中國極少數能夠在全球獲得大量市占率的品牌，華為早已成為中國人心中的民族驕傲。很顯然，華為手機的定位是「愛國」。

第三，小米手機的定位是什麼？和華為手機同為國產，小米手機的定位卻並非「愛國」。雷軍在發布小米手機時說：「做全球最好的手機，只賣一半的價錢，讓每個人都買得起。」很顯然，小米手機的定位是「性價比」。

第四，OPPO手機的定位是什麼？OPPO手機的廣告這麼說：「前後二千萬，拍照更清晰。」由此可見，OPPO手機的定位是「拍照」……

分析了三星手機在中國市場的主要競爭品牌的定位之後，我問三星公司的高管：「請問三星手機代表什麼？能不能用一個詞說出來？」結果，他們無法回答。

3. 利益

在同一價格等級上，企業可以利用利益進行不同品牌的差異化定位。例如，在中國洗髮精市場上，比較知名的有飄柔、潘婷、海飛絲等品牌。這些品牌儘管同隸屬寶僑公司，價格等級也都差不多，但給消費者帶來的利益卻有明顯不同：飄柔的定位是（讓頭髮）「柔順」，潘婷的定位是「滋養」（頭髮），而海飛絲的定位則是「去（頭皮）屑」。全球第二大日用品公司聯合利華（Unilever）後來推出的夏士蓮黑芝麻洗髮精的定位也是利益——黑髮。中國人都是黑頭髮，但年紀大了之後頭髮就會開始變白，黑髮是中國消費者非常關注的一個利益。所以，聯合利華的夏士蓮黑芝麻洗髮精後來在中國市場上也獲得了很大的成功。

4. 市場地位

除了價格／品質、屬性、利益等，企業還可以用品牌的市場地位進行定位。在中國，很多市場領導者都喜歡這樣進行定位。例如，香飄飄奶茶的定位是「中國奶茶第一股，累計賣出一百三十億杯，杯子連起來可繞地球四十圈」。類似地，烏江榨菜的定位是「全球熱銷一百五十億包」。這樣的定位就是用品牌的市場領導者地位使消費者產生信任，這樣他們會更容易購買該品牌的產品。

除了市場領導者可以用其市場地位進行定位，非市場領導者的品牌也可以用競爭對手進行定位。例如，在美國商務汽車租賃市場上，赫茲是市場老大，而艾維士一直屈居第二。後來，艾維士就推出這樣的定位：「我們是第二名，所以我們更努力！」（Avis is only No. 2. We try harder!）結果，這一定位獲得了很多消費者的喜歡和支持，因為很多消費者都會這麼想：市場老大容易欺行霸市，而老二更努力，那一定價格更好、服務更真誠。

無獨有偶，在中國白酒市場，茅台和五糧液一直都是前兩名，而劍南春就推出這樣的定位——「劍南春，中國名酒銷售前三」。這樣的競爭定位，很明顯提高了劍南春的知名度。類似的例子還有郎酒。郎酒近年來推出了這樣的定位——「青花郎，中國兩大醬香白酒之一」。中國消費者都知道茅台是中國醬香白酒老大，郎酒透過這樣的競爭定位，很明顯提高了自身的知名度和等級。

三、可信度：令人相信的理由

請記住，所有的定位方法都有一個前提，那就是定位要有可信度（也叫信任狀）。

如果一個品牌並不是市場領導者，卻要宣傳自己是「某行業領導者」，那就沒有任何可信度了。同樣，如果一個汽車品牌宣傳自己非常安全，卻沒有任何證據支撐，那麼這種宣傳也沒有可信度。

以中國各省的旅遊廣告為例。很多省份的定位並不成功，原因就是沒有差異化。江西省的定位語是「江西風景獨好」，青海省的定位語是「大美青海」，陝西省的定位語是「大美陝西」……很多省份的定位語都在宣傳「風景美」，顯然缺乏差異性——中國哪個省都有美麗的風景，只說風景美麗，很難實現差異化。山東省的定位語「文化聖地」則比較成功，原因就在於其成功進行了差異化（不說風景美麗，而說文化聖地），而且非常有可信度：山東是孔孟的故鄉，孔孟之道的思想影響了中國兩千多年。在山東面前，即便是五朝古都的北京都不敢說自己有文化，畢竟，北京只有八百多年的建都史（主要是元、明、清），而缺乏對中國數千年的影響。更不用說新興發達城市較多的省份或福建、海南、貴州等歷史上的邊緣之地，如果和山東比歷史文化，它們確實沒有可比性。

再以杜拜為例來說明一下定位在城市行銷中的應用。杜拜是一個世界聞名的旅遊城市，在新冠疫情之前，杜拜國際機場的客流量名列全球第三，僅次於美國亞特蘭大國際機場和中國北京首都國際機場。然而，和亞特蘭大代表的美國以及北京代表的中國都是經濟和人口大國不同，杜拜代表的阿聯酋只是一個人口一千多萬的小國家。那麼，杜拜是如何超越法國巴黎、英國倫敦、日本東京等著名國家的著名城市，建起了全球客流量最大的機場之一，成為最受歡迎的旅遊勝地之一的呢？

可以說，這和杜拜的成功定位分不開。在許多人的心目中，杜拜有一個獨特的定位，那就是「奢侈」（或「土豪」），而且非常有可信度：杜拜有全球高度第一的建築物哈利法塔（也叫杜拜塔），全球最奢侈的度假酒店——七星級的阿拉伯卓美亞酒店（也叫帆船酒店），以及全球最奢侈的人工度假島——棕櫚島。

二〇二〇年上半年，我因為疫情在杜拜滯留了半年，在阿聯酋到處遊玩之後，才發現杜拜的鄰居阿布達比（阿聯酋首都）其實比杜拜有錢多了，這從一個細節就能看出來：杜拜的公路旁沒有樹木，而阿布達比的公路旁則是茂密的樹木——杜拜和阿布達比都是沙漠裡的城市，要知道在沙漠裡養一棵樹都是非常昂貴的。但是對全世界大多數遊客來說，阿布達比因為缺乏成功的定位，反而不如杜拜知名。由此可見，杜拜的定位確實非常成功。

四、政府和非營利機構也需要定位

定位的應用非常廣泛，而且並非只有企業才需要進行差異化定位，很多非營利機構甚至國家，也需要進行差異化定位。

以清華大學和北京大學為例。這兩所大學都是中國的頂尖大學，但是，清華和北大在大多數人心中的感知是不同的：清華的工科非常強，北大的文科非常強。清華和北大的文化也非常不同：清華的校訓是「自強不息，厚德載物」，北大的文化則是「思想自由，相容並包」。

哈佛大學和史丹福大學都是美國的頂尖大學，但是，這兩所大學在大多數人心中的感知也是不同的：位於美國東海岸波士頓的哈佛大學歷史悠久，在政治、法律等文科領域非常強，臨近美國西海岸矽谷的史丹福大學在創新、創業等領域非常強。哈佛和史丹福的文化也非常不同：哈佛的校訓是「真理」，史丹福的校訓則是「讓自由之風勁吹」。

最後，再以國家為例。美國、英國、法國、德國都是發達國家，但定位非常不同：美國的定位是「自由和創新」，英國的定位是「皇家和傳統」，法國的定位是「浪漫」，德國的定位則是「嚴謹」。也正因如此，在歷年的Interbrand全球品牌百強裡，美國的品牌主要是蘋果、微軟、亞馬遜、Facebook、特斯拉等創新品牌，英國的品牌主要是路虎等皇家品牌，法國的品牌主要是路易威登、愛馬仕、香奈兒、迪奧等充滿浪漫氣息的奢侈品和化妝品品牌，德國的品牌主要是寶馬、賓士、奧迪、保時捷等豪華汽車品牌（需要非常嚴謹的工藝）。而作為世界上最大的發展中國家，中國的定位則是「製造大國」，全球人民的日常生活用品都離不開中國這個「世界工廠」。

❽「逼格」是網路用語，意指有格調、很厲害。

打造品牌：如何讓你的品牌深入人心？

很多人說，品牌是行銷的高級階段，最成功的行銷是打造出深入人心的品牌。一位傑出的行銷者曾經說：「產品是工廠製造出來的，品牌卻是由顧客帶來的。競爭者可以複製產品，卻不能複製品牌。一個產品可能會很快過時，一個成功的品牌卻會經久不衰。」

如今，品牌已經成為企業和顧客建立關係的象徵。在我和全球行銷大師、美國哥倫比亞大學商學院教授諾埃爾·凱普聯合寫的書《寫給中國經理人的市場營銷學》裡，我們將品牌定義為：「顧客對某個產品、服務或企業所持有的感知和聯想的集合。品牌給顧客創造了一種意義，這種意義代表顧客與品牌接觸時能夠獲得期望體驗的承諾。」由此可見，首先，任何品牌的主要內涵都存在於顧客的意識之中。偉大的品牌其實是屬於顧客而不是企業的。其次，品牌對顧客體驗做出了承諾。因此，企業要盡力去兌現承諾。

那麼，企業究竟如何才能打造深入人心的品牌？

一、設計品牌名稱和標識系統

這是打造品牌的第一步。在英國，中世紀的金匠和銀匠會在自己的產品上做標記。古代中國也有鐵匠把自己的劍命名為「龍泉」。事實上，品牌的英文單詞brand也有烙印的意思，因為用來做標記的烙鐵是牧場主的必需工具，如果一個牧場主養的牛因高品質而出名，該品牌在市場上就會獲得更高的價格。因此品牌的傳統定義是：「品牌是一個名稱、術語、符號、象徵或設計（字母、數字或記號），或者是它們的組合，用來識別某個或某些行銷者的商品或服務，使之區別於競爭對手。」對消費者而言，品牌已經成為日常生活的一部分，它們的標識、名稱、包裝設計、符號和商標，出現在我們衣食住行的每一個角落。企業一定要花時間去好好設計品牌名稱和標識等。

雖然品牌名稱是最常被用來使用的代號，但是其他代號可能也很重要（甚至更重要）。以顏色為例，我們經常將紅色與可口可樂、藍色與百事可樂（還有ＩＢＭ）、黃色與美團外賣、粉色與維多利亞的秘密內衣聯繫在一起……在王老吉涼茶分家時，紅色罐子甚至成為加多寶和廣藥集團爭搶的包裝顏色。與此類似，蘋果公司那被咬了一口的蘋果、耐吉運動鞋那醒目的斜鉤、賓士汽車的三個尖頭，都非常好認。

二、建立品牌聯想

現在，品牌的意義已經遠遠超出了外在的識別字號。因此，除了設計好品牌的名稱和標識等，更重要的是企業應該努力建立品牌聯想，實現企業品牌願景和顧客感知的品牌形象的統一。

企業建立品牌聯想的第一步就是要有一個清晰的品牌定位語，並透過多種傳播形式來傳播品牌定位語。以農夫山泉品牌的打造為例。一九九六年九月，鍾睒睒創辦了農夫山泉。一九九七年四月，第一座工廠開工生產，農夫山泉就推出了「農夫山泉有點甜」這句現已家喻戶曉的廣告語。一九九七至二〇〇三年，農夫山泉相繼在國家一級水資源保護區千島湖、吉林長白山礦泉水保護區、湖北丹江口建成現代化的飲用水工廠。二〇〇三年九月，農夫山泉瓶裝飲用天然水被國家質檢總局（現國家市場監督管理總局）評為「中國名牌產品」。二〇〇六年十月，國家工商行政管理總局商標局（現國家知識產權局商標局）認定「農夫山泉」為中國馳名商標。

農夫山泉堅持在水源地建廠，每一瓶農夫山泉都清晰標注了水源地，其另外一句廣告語「我們不生產水，我們只是大自然的搬運工」同樣家喻戶曉。根據弗若斯特沙利文（Frost & Sullivan）報告，二〇一二至二〇一九年，農夫山泉連續八年保持中國包裝飲用水市場占有率第一。二〇二〇年九月，農夫山泉在香港證券交易所上市，IPO首日市值高達四千四百五十三億港元，農夫山泉的創始人鍾睒睒也因此超過馬雲和馬化騰而成為中國新首富。在二〇二二年《富比士》世界富豪榜上，鍾睒睒以六百五十七億美元的身家穩坐中國首富寶座，世界排名第十七。

除了傳統廣告，企業還可以透過其他溝通形式來建立和強化品牌願景，例如宣傳冊、網站、電子郵件、企業高管的演講或採訪等活動、產品或包裝、促銷、公共宣傳和公共關係、實體建築、辦公用品、電話互動，以及社交媒體等數位行銷帶來的眾多新選擇。企業創始人和CEO也可以成為企業的「門面」，替企業的品牌帶來巨大影響。以著名的維珍航空公司為例。維珍的品牌聯想是風趣的、嬉皮的、玩世不恭的、挑戰權威的，這離不開維珍航空公司總裁理查·布蘭森的努力。他是英國最具有傳奇色彩的億萬富翁，以特立獨行著稱，曾駕駛熱氣球飛越大西洋和太平洋。二〇二一年七月，理查·布蘭森更是成為全球第一個飛上太空的普通人。可以說，理查·布蘭森的個人活動有力地支持了維珍的品牌聯想。

再以特斯拉公司為例，特斯拉的品牌聯想是高科技、環保、創新、前瞻。特斯拉CEO伊隆·馬斯克被稱為「鋼鐵人」，他旗下的公司除了特斯拉電動汽車公司，還有太空探索技術公司（SpaceX）、光伏發電企業太陽城公司（SolarCity）、超迴路列車

（Hyperloop）等。其中，特斯拉電動汽車和SpaceX最為成功。特斯拉目前已成為全球最暢銷的電動汽車品牌，而SpaceX是全球屈指可數的商用火箭和商用太空飛船發射機構之一，並且掌握了發射後的回收技術。網友們甚至說，世界上掌握了航天器發射回收技術的只有四個：美國、俄羅斯、中國，還有伊隆．馬斯克。可以說，馬斯克對太空的探索有力地支撐了特斯拉的品牌聯想。

三、堅持品牌承諾

企業堅持品牌承諾非常重要。舉個例子，美國包括Costco、亞馬遜等在內的很多零售企業都有無理由退貨的品牌承諾。我曾經在美國留學和工作了八年，其間確實感受到了這些品牌對其品牌承諾的堅持。我之前和大家分享過美國消費者在Costco可以退已經切開、嘗一口覺得不甜的大西瓜，這裡再分享一段我在亞馬遜的親身經歷。

二〇〇〇年，我剛到美國留學不久，決定買一台洗碗機，這樣我就不用洗碗了。當時，我在亞馬遜網站上搜索，最後決定購買某個品牌的洗碗機。當這台洗碗機被送到我家時，我興高采烈地按照使用說明書開始安裝。然而，我似乎運氣不太好，這台新的洗碗機安裝好之後無法正常工作。於是，我立刻打電話給亞馬遜，希望能夠退貨並換一台新的。

幾天之後，亞馬遜派聯邦快遞的快遞員來我家取走了這台故障的洗碗機，同時送來了一台新的。然而，在按照使用說明書安裝之後，我發現這台新送來的洗碗機也無法正常工作。

怎麼辦？我想再一次打電話給亞馬遜，卻擔心亞馬遜的客服不會相信我，以為我故意找碴兒——怎麼可能兩台洗碗機都有故障呢？然而，如果不打電話給亞馬遜，我個人就會蒙受損失。儘管這台洗碗機的箱子裡也有製造商的免費保修電話，但如果是由製造商來修的話，那我將得到的就只是一台修好的洗碗機，而不是一台新的。

於是，在思考了一番之後，我仍然決定給亞馬遜打電話。沒想到，亞馬遜客服在聽到我說第二台洗碗機也有故障之後，二話沒說就同意給我退貨並再發一台新的洗碗機過來。幾天之後，亞馬遜派快遞員來我家取走了第二台故障的洗碗機，同時送來了一台新的。這次送的新洗碗機終於可以正常工作了。

那次在亞馬遜的購物經歷給我留下了極深的印象。那台洗碗機包郵的售價一共只有一百五十美元，而我退了兩次貨，亞馬遜發了三次貨。由於洗碗機很重，聯邦快遞公司的快遞費很貴，可以說在那次交易中亞馬遜肯定是虧錢的。然而，亞馬遜堅持其品牌承諾，我後來也因此成了它的忠實顧客。正是由於有千千萬萬的忠誠消費者，亞馬遜後來成為全世界最大的電子商務網站。截至二〇二二年八月十九日，亞馬遜的市值高達一點四兆美元，其創辦人傑夫・貝佐斯（Jeff Bezos）也多次成為世界首富。

要注意的是，品牌形象的形成要花很長時間，品牌形象的墜落卻可以發生在一夜之間。企業如果無法堅持品牌承諾，就會給品牌帶來災難。在中國市場，三株口服液、三鹿奶粉、樂視、小黃車ofo等都是類似的例子。這些品牌都曾經家喻戶曉，然而當產品品質出問題或者無法堅持服務承諾時，它們立刻就成了無人相信的笑話。

此外，值得一提的是，許多人認為品牌只是用於B2C行銷的，事實並非如此。品牌在B2B市場上也非常重要，例如聯邦快遞、卡特彼勒（Caterpillar Inc.）、杜邦、通用電氣、IBM、英特爾、微軟、甲骨文、全錄（Xerox）、波音、空中巴士等品牌都是B2B品牌。要注意的是，打造B2C品牌和B2B品牌往往需要使用不同的方法：B2C企業側重品牌聯想，B2B企業則側重與顧客建立關係並取得其信任。B2B企業希望客戶將它們看成有經驗、無風險、值得信賴的供應商。很多時候，品牌比技術更重要——確實，一個優秀的品牌比許多技術變革更加經得起考驗。

四、如何打造個人品牌？

和企業品牌的打造一樣，個人品牌的打造其實也遵循上述三項原則。

第一，品牌是企業或產品的名稱、品質、包裝、價格、歷史、信譽、特性的總和。類似地，個人品牌是個人姓名、能力、儀容儀表、財富、學歷、職業、信譽、特性等的總和。以儀容儀表為例。首先，每個人都要穿著得體。男性在正式的工作場合就不適合穿著太隨便，例如穿短褲、拖鞋等；女性在正式的工作場合則不適合穿露臍裝、露背裝等。一般來說，在工作場合都要穿商務服裝，可以分為商務正式服裝和商務休閒服裝兩種。有些行業例如金融業、諮詢業、律師行業等要求穿著非常正式，還有些行業要求穿工作服，例如員警、軍人、保全、空中乘務員和高鐵乘務員等。其次，每個人都要重視服裝之外的儀容儀表，包括個人衛生，避免口臭、牙齒上有異物、身上有異味等。例如，下午要開會，那麼中午你要儘量避免吃韭菜、大蒜、大蔥等有刺激性氣味的食物。如果是商務飯局，則應該避免吃起來不太雅觀的食物，例如螃蟹、小龍蝦等。

第二，進行個人品牌的定位。所謂定位，就是你和別人究竟有什麼區別，別人想到你名字時的第一聯想是什麼。每個人都要好好尋找自己的定位。如果你的工作是在汽車4S店裡賣車，你的定位就可以是汽車銷售專家，這樣身邊的朋友都會在想買車時第一時間想到你、諮詢你；如果你的工作是在商場裡賣奢侈品，你的定位就可以是奢侈品專家，這樣身邊的朋友在想買奢侈品時就會第一時間想到你、諮詢你；如果你的工作是一名小學老師，你的定位就可以是一個兒童培養專家，這樣身邊的朋友在孩子上學遇到問題時就會第一時間想到你、諮詢你；如果你是個熱愛運動的人，你就可以把自己定位為運動達人，朋友們有任何運動問題就都會諮詢你；如果你是個「吃貨」「玩貨」，你就可以把自己定位為吃喝玩樂的專家，這樣身邊的朋友在吃喝玩樂方面遇到問題時就會第一時間想到你、諮詢你……總而言之，每個人都要爭取找到自己的定位。

當然，定位的可信度原則也一定要堅持。千萬不要自我標榜為某個領域的專家，卻根本沒有可信度。例如，如果你標榜自己是健身達人，卻大腹便便，伏地挺身做不了幾個，那就沒有可信度。又如，如果你標榜自己是烹飪專家，卻做不了幾個菜，那就沒有可信度。所以，在定位自己的個人品牌時，要儘量和自己的能力吻合，並且要在所定位的領域付出超乎常人的努力。很多人都聽過「一萬小時」定律，要成為某個領域的專家，至少需要一萬個小時的練習。如果你每天花八個小時在你的領域工作，以每週工作五天來計算，那就至少需要五年。而這僅僅是最低要求。

第三，和企業要堅持品牌承諾一樣，個人品牌的打造也要做到堅持品牌承諾，做到言出必行。我們每個人都要和其他人打交道，所以我們能否向別人展示出一個好的個人品牌，很大程度上取決於我們能否兌現平時做出的承諾。如果一個人能夠做到言出必行，那麼他的個人品牌一定會獲得其他人的認可。

舉一件我自己親身經歷的事情為例。二〇二一年夏天，我應邀去杭州給企業家們上課。那一天是星期六，而我在前一天在北京給寶馬公司的高管講課。所以，當時我訂的航班是晚上九點從北京大興機場飛杭州，這樣可以確保我在星期五下午五點下課之後的交通高峰期，有充分的時間趕去北京大興機場。我準時趕到了北京大興機場，卻沒想到遇到了航班延誤。當時，由於杭州地區有雷雨，航班多次延誤，起飛時間一推再推，誰都不知道具體什麼時候才能起飛，這導致主辦方那天晚上非常緊張，一直和我發微信溝通，擔心如果航班延誤太久，我第二天或許不能如期上課。

我知道，如果我不講課的話，已經到達杭州的幾十位企業家學生就沒有課聽了，而這將給主辦方帶來極大的麻煩，主辦方的信譽也將因此受到損害。所以，我當時告訴主辦方，只要飛機能夠起飛，不管延誤到多晚，第二天我都會如期給企業家們上課。後來，這班飛機一直延誤到凌晨五點半才起飛，早上七點半才抵達杭州機場。最後，我到達酒店時已經是上午九點。儘管由於航班延誤，我一夜沒睡覺，但是我仍然抓緊時間吃早餐、洗澡並穿上正式的商務服裝，最後在上午十點準時開始了一天的課程。當我走進教室時，企業家學生們全體起立，教室裡響起了熱烈的掌聲。上課前一天，我一夜未眠，確實非常累，但是我做到了言出必行。而這就是我給每一個學生的承諾。

如果你希望在你的朋友或者客戶心目中成功打造自己的個人品牌，你也要做到言出必行。很多個人品牌的崩塌，都是由於無法兌現承諾導致的。最簡單的例子：如果一個親戚或者朋友向你借錢，並承諾很快還錢，最後卻無法兌現承諾，並且開始躲著你，下次你還願意借錢給他嗎？要知道，做一個可靠的人是打造個人品牌的必要條件。

如何吸引顧客？為顧客創造價值

在本書的開始，我說到美國市場行銷協會對行銷的定義是「識別、創造、溝通和交付顧客價值」。那麼，究竟什麼是顧客價值？顧客價值可以用下面的一個公式來簡單描述：

顧客價值＝產品或服務提供給顧客的利益÷價格

由此可見，要想獲得顧客價值，企業至少有三種方法：**一、提高產品的品質；二、提**

高服務的品質；三、提供更低的價格。下面我們就來詳細討論每一種方法和相應的案例。

一、提高產品的品質

如果一家企業能比行業裡的大多數競爭對手提供更高品質的產品給顧客，那麼顧客就會因為該企業所提供的更高價值而選擇購買它的產品。蘋果公司就是這樣的一個典型案例。在一九九七年賈伯斯回歸蘋果公司之後，蘋果公司在他的帶領之下一直以高品質的產品在競爭中獲勝。第一個重磅產品是二〇〇一年推出的iPod可攜式音樂播放器。儘管當時市場上已有眾多可攜式音樂播放器，但它們的品質都比較一般——存儲空間太小，設計不夠美觀，交互介面不夠簡潔等等。賈伯斯於是看到了一個大機會，他決定讓蘋果公司進軍可攜式音樂播放器市場。在整個開發過程中，賈伯斯一直要求堅持「簡潔」的原則，也經常把團隊設計的複雜模型退回去重新設計。

最後，一個符合賈伯斯要求的iPod終於設計出來了：可以存儲一千首歌曲（當時市場上很多MP3只能存儲幾十首歌曲），沒有開關鍵（一段時間不操作後自動進入休眠狀態，觸碰任意鍵後自動醒來），用於進行歌曲的流覽和選擇的滾動式轉盤，純白色的外殼、耳機和耳機線（當時市場上的MP3、耳機和耳機線都是黑色的）。而蘋果公司為iPod設計的廣告也非常簡單：一個人邊聽iPod邊跳舞的剪影，白色的耳機線隨之舞動，旁邊加上一句「把一千首歌裝進口袋」的廣告語。二〇〇一年十月，賈伯斯在他那標誌性的產品發布會上發布了iPod，它立刻受到了用戶的熱烈歡迎。在之後的幾年裡，蘋果公司接連發布了iPod mini、iPod Shuffle等各種更輕、更小版本的iPod，從而逐漸擊敗了競爭對手的各種小體積快閃記憶體MP3，iPod在可攜式MP3市占率達到百分之七十。到二〇〇七年一月，iPod的銷售收入占蘋果總收入的一半。也正是因為iPod的成功，蘋果公司終於起死回生並再次創造輝煌。

再以蘋果公司於二〇〇八年推出的筆記型電腦MacBook Air為例。筆記型電腦市場競爭激烈，當時惠普、戴爾、聯想ThinkPad等都是全球領先的品牌。面臨在電腦市場上已經落後多年的不利局面（儘管蘋果公司於一九八四年首先發布了圖形介面的麥金塔電腦，但是微軟公司的Windows操作系統後來居上，Windows兼容機最後占據了電腦市場份額的百分之九十以上），蘋果公司該靠什麼競爭呢？二〇〇八年一月，賈伯斯在

MacBook Air發布會現場的一個舉動震撼了所有人。當時，他拿了一個牛皮紙信封走進會場，然後在萬眾矚目之下從牛皮紙信封裡拿出一台筆記型電腦，全場觀眾起立為他鼓掌。這是人類歷史上第一次有一家公司能把筆記型電腦做得這麼薄。也就是說，蘋果的MacBook Air至少在薄的維度上超越了所有競爭對手。

因此，MacBook Air一上市就獲得了極大的成功。經常出差的商務人士對此非常歡迎，因為他們對筆記型電腦的重量非常在意，而對性能並沒有太高要求。商務人士通常不玩電腦遊戲，也不需要編輯圖片和剪輯視頻，他們只需要有一套微軟Office辦公軟體就可以完成全部工作——Word軟體用來寫文章和報告，PowerPoint軟體用來做演示文稿（PPT），Outlook用來收發郵件，Excel軟體用來進行表格計算等等。儘管MacBook Air是麥金塔作業系統，但也是可以安裝微軟Office辦公軟體的，因此滿足了商務人士的辦公需求。當時，蘋果公司為MacBook Air設計的廣告也非常簡潔：廣告裡沒有明星，沒有美女，甚至連人臉都看不見，只有一隻手從一個牛皮紙信封裡拿出MacBook Air的畫面，直到音樂結束時才插入一句廣告語：「全世界最薄的筆記型電腦！」

在二〇〇八年的MacBook Air發布會之後，儘管全球個人電腦行業開始進入緩慢成長甚至負成長的態勢，但MacBook Air的市占率卻逆勢成長，逐漸成為主流的筆記型電腦之一。我自己也是從二〇〇八年開始用MacBook Air的，因為我經常需要背著一台筆記型電腦出差到全國各地給企業家講課和為企業提供諮詢，所以我需要一台超薄的筆記型電腦以減輕背包的重量。我的第一台MacBook Air讓我非常滿意。直到今天，我每次換筆記型電腦時都會選擇最新款的MacBook Air，我已成為它的忠誠顧客。

二、提高服務的品質

對大多數中小企業來說，要想提供比大企業更高品質的產品可能有難度，這時你可以選擇提供更好的服務，為顧客創造更高的價值，從而在與大企業的競爭中獲勝。例如，大企業的客服一般都有一定的工作時間，但是個體戶除了睡覺時間都可以保持在線，更快回覆客戶的諮詢，更快幫客戶發貨等等。

以出行行業為例，在和傳統計程車的競爭中，共用汽車行業的專車如滴滴專車，就是靠更好的服務來獲得消費者的歡迎的。坐過傳統計程車的乘客都記得，司機通常不會幫你搬行李，車上也沒有水供乘客喝，甚至還經常會拒載乘客。在沒有共用汽車行業的專車之前，如果消費者要擁有更好的體驗，就必須有自己或單位的專職司機和車輛。而專車的出現則為大多數沒有專職司機和車輛的消費者提供了更好的體驗，讓他們用比出租車稍高一點的價格，就能夠享受好得多的服務，因此受到了廣大消費者的歡迎。可以說，以滴滴為代表的共用汽車行業顛覆了傳統計程車行業。二〇二一年，滴滴的營收高達一七三八點三億元人民幣。

除了服務業企業，製造業企業也可以靠提供更好的服務來為顧客提供更高的價值。事實上，服務在今天的重要性越來越大。即使對以銷售產品為主要業務的企業來說，服務也越來越重要。因為隨著產品的同質化，服務越來越成為企業進行差異化定位的方法。

以韓國現代汽車為例。一九八六年，韓國現代汽車第一次進軍美國市場，當時現代汽車推出的Excel雙門掀背車依靠低至四千九百九十五美元的價格，一下子獲得了美國市場的歡迎，銷量在一九八六年就超過十六萬輛，在一九八七年更是超過二十六萬輛。然而，後來這款車因空間小和性能差而成為品質低劣的代名詞，在美國消費者當中的口碑非常差，現代汽車在美國市場的銷量也逐年下降。一九九八年，現代汽車在美國市場的銷量跌至九萬輛，甚至被預測很快就會在美國市場全面失敗而被迫離開。

一九九九年，背水一戰的現代汽車推出對標豐田Camry和本田Accord的現代Sonata車型，並宣布對新車提供「十年或十萬英里（十六萬公里）動力系統免費保修」計畫。這一服務承諾震撼了美國汽車市場。在美國市場，汽車廠商通常對新車只提供三年或三萬英里（四點八萬公里）動力系統免費保修計畫。而延長保修計畫通常需要消費者自己掏錢購買，例如，額外保修五年或六萬英里（九點六萬公里）的延長保修計畫一般售價為一千～二千美元。現代汽車的這個十年免費保修承諾立刻獲得了消費者的歡迎，因為很多消費者都會這麼想：「這個品牌敢承諾十年免費保修，那品質一定不錯！」

確實，很多消費者被現代汽車這一遠遠領先於業界標準的服務承諾打動了，現代汽車在美國市場的銷量也開始迅速成長：一九九九年，現代汽車的銷量上升到十六萬輛，二〇〇〇年的銷量進一步大幅上升到近二十五萬輛，二〇〇一年的銷量高達三十五萬輛，二〇〇三年的銷量更是超過四十萬輛，這五年的銷量平均年成長率達到創紀錄的百分之三十五。經過多年的口碑傳播，現代汽車在美國越來越受歡迎。二〇〇八年，美國遇到金融危機，通用、福特、克萊斯勒、豐田、本田、日產等各大汽車廠商在美國市場的銷量都下跌百分之三十以上，而現代汽車的銷量只下跌了百分之零點五，這意味著現代汽車在美國汽車市場的占有率逆勢上升了。也正是在那一年，現代汽車的銷量進入汽車行業全球前五，並一直保持到了今天。二〇二一年，現代汽車以六百六十七萬輛的銷量名列全球汽車行業第四，僅次於豐田（一千零五十萬輛）、大眾（八百八十八萬輛）和雷諾—日產—三菱聯盟（七百六十八萬輛）。考慮到現代汽車的母國市場韓國只有約五千萬的人口，這真的不可思議。

三、提供更低的價格

如果企業的品質和服務都很難超越競爭對手，那麼就只能靠價格了。很多優秀的企業都依靠低價策略，畢竟大多數消費者都希望省錢。事實上，低價策略要求企業有成本領先的優勢，而這恰恰是麥可．波特在其經典著作《競爭優勢》（*Competitive Advantage*）中提到的第一種策略。

以沃爾瑪為例。多年蟬聯《財星》全球五百強企業之首，沃爾瑪的成功主要歸功於低價策略。低價策略的前提是低成本，那麼，沃爾瑪究竟是如何實現低成本的呢？

第一，沃爾瑪在商品採購上進行全球供應鏈採購，由總部統一向工廠直接集中採購，減少中間商環節，這使得沃爾瑪獲得了更低的採購成本，比其他零售企業採購成本低百分之二～百分之六。

第二，沃爾瑪在物流、庫存管理、廣告、企業管理等各方面都追求高效率、低成本，這使得營運成本最低化。沃爾瑪的創始人山姆．沃爾頓一直秉持節儉的美德，他和其他高層管理者出差通常都選擇廉價的機票和住宿。山姆．沃爾頓還曾立下規矩，要求沃爾瑪的管理費用嚴格控制在銷售額的百分之二以內。沃爾瑪也培養職工勤儉節約的習慣，它的商品損耗率只有百分之一，這極大地降低了經營成本。

第三，沃爾瑪的超市主要分布在美國各大城市的郊區，而不是市區。市區零售業租金高昂，而郊區租金低廉，而且美國中產階級都喜歡住在郊區。這也為沃爾瑪提供了低成本優勢。

沃爾瑪的低成本優勢在中國市場遇到了挑戰。若干年以前，我曾應邀為沃爾瑪全球CEO董明倫提供諮詢，當時我就和他談到了中國市場與美國市場的不同：在美國，由於沒有太大的城鄉區別，郊區有很好的學校和醫院等基礎設施，因此中產階級主要居住在郊區，家家戶戶幾乎都住大別墅（美國的別墅也很便宜，很多地方只需三十萬～五十萬美元即可購買），平時開車去市區上班；在中國，中產階級主要居住在市區而非郊區——即使是在北京，六環以外就是農村，缺乏好的學區、醫院等各種生活基礎設施，因此大多數中產階級市民都居住在六環以內的市區。可以說，這是中美兩國中產階級消費者的一個巨大的不同之處。為了給中國的中產階級消費者提供便利的購物服務，沃爾瑪必須在中國的市區開設超市，而這就意味著昂貴的租金（中國的一、二線城市房價在世界上排名都較高），沃爾瑪就很難保持低價優勢。也正因如此，沃爾瑪在美國市場的成功很難複製到中國市場。

以上，我們討論了企業為顧客創造價值的三種方法：一、提高產品的品質；二、提高服務的品質；三、提供更低的價格。當然，企業還可以綜合運用這些方法。以蘋果公司於二〇二一年第四季度發布的iPhone 13為例，它不僅品質比iPhone 12好，價格還比iPhone 12低了幾百元。因此，iPhone 13獲得了很多中國網友「加量還減價」的讚譽，網友甚至還給iPhone 13起了一個暱稱，叫作「十三香」。iPhone 13在中國市場熱賣，二〇二一年第四季度，它在中國的出貨量達到一千八百五十萬支，首次以創紀錄的百分之二十二的市占率登頂中國市場。

如何獲得顧客滿意？超越顧客預期

一、如何獲得顧客滿意？

顧客滿意對於企業非常重要。研究表明，顧客滿意與否決定了顧客是否會重複購買；同時，顧客滿意還是與企業利潤長期正相關的唯一變數。那麼，究竟該如何獲得顧客滿意？在經典的行銷學理論裡，有這樣一個重要公式：

滿意＝價值－預期

在這個公式裡，價值就是上一節所說的企業的產品或服務，為顧客提供的利益與該產品或服務的價格的比值，而預期一般是行業標準，也是整個行業為顧客提供產品或服務的平均水準。

因此，客戶是否滿意，取決於企業為客戶創造的價值是否超過客戶的預期。例如，如果你要去某家五星級酒店住，那麼你的預期就會包括氣派的酒店大廳、寬敞的房間、種類豐富的自助早餐、齊全的酒店設施（如宴會廳、會議室、游泳池、健身房等）。如果你發現你要去的這家五星級酒店竟然沒有健身房和游泳池，你就會不滿意。而如果這家五星級酒店超過你的預期，比如你發現該酒店有非常美的湖景、河景或海景，你就會非常滿意。當然，超出預期也可以是價格上的。例如，在一線城市，大多數五星級酒店的價格在每晚八百元人民幣以上，如果某家五星級酒店的價格竟然低到六百元左右一晚，而且品質和服務並沒有比別的五星級酒店差，那你一定也會非常滿意。

我再舉一次企業接待ＶＩＰ客戶的親身經歷為例。二〇一九年，我帶領五十位中國企業家去矽谷訪問，參觀了著名的思科公司全球總部。沒想到的是，當我們到達思科總部時，思科竟然為我們升起了中國國旗。那一刻，每個人都感到驚喜和自豪，對思科公司自然也是讚不絕口。如果仔細分析一下，我們就會發現，大多數企業接待VIP客戶的做法都是打出歡迎橫幅或者在電子螢幕上打出歡迎語，很少透過升國旗來對VIP客戶表示歡迎。思科公司全球總部的這種歡迎自然超出了我們的預期，令大家對它讚不絕口。

二、如何超越顧客預期？

如前所述，企業可以在產品、服務或價格三方面上超越顧客的預期。接下來我就用二十一世紀初的美國大陸航空公司的案例，來具體說明如何超越顧客預期，從而提高顧客滿意度。

在美國航空市場，由於西南航空等廉價航空公司帶來的競爭壓力，大多數航空公司都開始學廉價航空公司降低價格以應對競爭。為了降低價格，它們開始削減成本，包括不再免費提供午餐和晚餐，也不再提供枕頭、毛毯等。各航空公司都陷入價格戰，整個行業的服務水準都有所下降。在這種情況下，大陸航空公司的管理者開始思考，是否有比價格戰更好的市場策略以提高顧客滿意度，並且不傷害公司的利潤。

經過市場調查，大陸航空公司發現影響乘客對航空公司選擇的因素有很多，包括機票價格、安全紀錄、飛機機型、出發時刻、是否直飛、空乘人員、機上餐食、里程計畫、機上娛樂系統、枕頭毛毯等。在這些因素裡，機上餐食和枕頭毛毯是企業最容易改變的。然而，重新提供免費的機上餐食和枕頭毛毯，就意味著大陸航空公司會有更高的成本。例如，為每個乘客提供一頓免費的機上餐食，大約需要付出人均二十美元的成本。這將導致大陸航空公司平均每張機票的價格比競爭對手高二十美元，乘客可能難以接受。

怎麼辦？在進行大量的進一步研究之後，大陸航空公司發現乘客可以分為兩種：商務型乘客和經濟型乘客。商務型乘客由於是因公出差，機票費用可以由其所在的公司或機構報銷，所以他們對機票價格上漲二十美元根本無所謂，更希望能夠有免費的機上餐食，否則就得經常餓肚子（或者只能自己在機場的麥當勞餐廳買漢堡吃，費用還往往不能報銷。美國企業一般對出差的員工提供出差補貼，而不報銷餐食費用）。經濟型乘客由於不是因公出差，需要自己掏錢，機票費用無法報銷，所以對機票價格上漲二十美元比較在乎，他們寧願省錢，或者自己在機場的麥當勞餐廳買個漢堡充饑。

最終，大陸航空公司做了一個大膽的決定——在目標市場選擇上，主要聚焦於對價格不敏感的商務型乘客，並成為美國民航業唯一一家重新免費提供機上餐食的航空公司。為了讓更多商務型乘客知道這一點，大陸航空公司還推出了一系列廣告。這些廣告非常大膽地嘲笑同行為了節約成本都不再提供餐食和枕頭毛毯，導致很多乘客在飛機上饑腸轆轆、容易著涼。這一系列廣告總是以一個服務承諾和一句廣告語結束：服務承諾是大陸航空公司將免費提供機上餐食和枕頭毛毯，致力於讓乘客有一段舒適的旅途；廣告語則是「Work Hard, Fly Right」（你平時工作非常辛苦，出差時要選擇一家正確的航空公司）。

大陸航空公司的系列廣告播出不久，就獲得了大量商務型乘客的青睞，儘管平均票價比競爭對手高二十美元左右，但大陸航空公司的上座率反而大幅提升，公司收入和利潤都進一步上升，大陸航空公司連續三年成為全美航空市場上顧客滿意度最高的航空公司。

三、如何管理顧客預期？

顧客滿意公式還告訴我們，企業除了能提高價值來讓顧客滿意，還可以降低顧客預期來讓顧客滿意。事實上，企業確實要學會管理顧客預期。否則，如果顧客預期太高，儘管企業已經做得非常好（為顧客創造高價值），但顧客可能仍然不滿意。例如，企業可以明確說明客服的工作時間為工作日每天上午九點～晚上九點，這樣顧客就不會有太高的二十四小時服務的預期。電商企業可以明確說明四十八小時內到貨，以免顧客有太高的當天到貨的預期。當你邀請大客戶來公司訪問，並且負責客戶的往返機票時，如果客戶的預期是商務艙，而你的企業最多只提供超級經濟艙，那麼客戶就會不滿意。相反，如果你適當管理好客戶的預期甚至降低客戶的預期，效果就會好得多。例如，你可以在訂票前告訴客戶：「由於公司財務政策的限制，機票只能是經濟艙，還請您諒解。」這樣，客戶的預期是經濟艙，最後登機時卻發現是超級經濟艙，他就會感到驚喜和滿意。

如何打造顧客忠誠？建立終身關係

一、顧客忠誠對企業的意義

上一節說過，顧客滿意對於企業非常重要，滿意的顧客會重複購買，甚至還會推薦其他顧客購買。而當顧客長期滿意之後，顧客對品牌就會建立忠誠度。研究表明，與吸引新顧客的成本相比，企業保留老顧客的成本低五分之四。例如，企業往往需要耗費鉅資用廣告去傳播產品和服務給潛在顧客，以吸引新顧客。然而，對忠誠的老顧客來說，是否會繼續購買主要取決於滿意與否，而並不取決於廣告。因此，只要顧客忠誠，企業就可以節約大量的廣告費用。事實上，如果顧客第一次購買之後不滿意，即使看到再多的廣告，他也會嗤之以鼻；相反，如果顧客第一次購買之後很滿意，即使後面沒有再看到廣告，他也會重複購買，甚至推薦別人購買。因此，顧客忠誠是幾乎所有企業都希望達到的結果。

除了重複購買之外，忠誠的老顧客也對價格不太敏感。如果一個喜歡可口可樂的消費者每週去一次超市買可口可樂，有可能他都不會認真看價格標籤，也不會注意到價格標籤上細微的價格變化。從這個意義來說，顧客忠誠不僅可以提高顧客的重複購買率，還可以提高企業的利潤率。

此外，忠誠的老顧客也更可能為企業提供積極的回饋，從而幫助企業進一步改進產品和服務。例如，小米手機的很多粉絲就會主動回饋使用體驗給小米公司，從而幫助小米公司不停改進其作業系統MIUI。小米MIUI智慧手機作業系統在安卓系統的基礎上針對中國用戶進行了深度定制，如MIUI撥號與短信、MIUI安全中心、小米消息推送服務、應用雙開與系統分身、MIUI天氣、小米雲服務、照明彈、攔截網等。這些成果都離不開忠誠的小米老顧客的回饋：在小米社區上，MIUI開發團隊與用戶進行直接交流，接收用戶回饋並持續改進系統，讓使用者參與到系統開發中來。

二、顧客忠誠對顧客的意義

忠誠不僅對企業有莫大意義，對顧客也有意義。對顧客來說，忠誠可以節約顧客的交易成本，而且可以避免風險。當購買一個熟悉的品牌時，消費者對其品質和服務非常瞭解，不用擔心購買一個不熟悉的品牌可能會遇到的產品品質和服務等方面的風險。從人性的角度來說，人都是喜歡偷懶的，消費者也希望節約自己的腦力資源和時間，不希望每一次購物都像第一次那樣搜索新品牌的相關資訊。

例如，當你在超市第一次買一種進口飲料時，你往往會認真查看飲料瓶上的資訊，在心裡判斷是否願意購買。當你購買之後，如果你很滿意，那麼後面的購買就會成為重複購買，你大概不會重複第一次購買時的深思熟慮，而會飛快地把該飲料放到你的購物車裡。類似地，在電子商務流行的今天，很多網上商店也會給忠誠的老顧客一個「一鍵複購」的選項，幫助顧客在重複購買時節約大量的時間和精力。

除了節約交易成本之外，忠誠還可以讓顧客享有精神上的歸屬感和快樂。很多品牌的忠實粉絲會自發組織起來，互相分享和交流品牌的使用心得。例如，長城汽車旗下的坦克品牌就有車友會，許多車友不僅平時會互相分享用車心得，還會自發組織一些戶外旅遊和越野的活動。二〇二一年十月假期，我去內蒙古阿拉善的騰格里沙漠徒步，就發現有不少坦克車友一起快樂地開車穿越沙漠。

三、如何打造顧客忠誠？

顧客忠誠這麼重要，那麼企業究竟該如何打造顧客忠誠？從總體策略上來說，只要企業堅持品牌承諾，讓顧客每一次購買都滿意，長此以往自然會擁有顧客忠誠。而從具體戰術上來說，企業可以推出忠誠度計畫、品牌粉絲會等幫助打造顧客忠誠。

忠誠度計畫（loyalty programs）是指透過維持顧客關係和培養顧客忠誠度來滿足顧

客的長期需求，降低其品牌轉換率的計畫，形式通常包括顧客分級會員制、累計消費獎勵制度等，如航空公司的里程計畫、信用卡的累計使用獎勵。接下來我以航空公司的里程計畫為例來詳細說明。

如前文所述，由於航空公司的基本服務都是把乘客從A地運輸到B地，沒有什麼差異，航空公司這個行業競爭非常激烈。正因如此，航空公司也是最早出現忠誠度計畫的行業之一。一九八一年，美國航空公司推出了AAdvantage常旅客里程計畫，後來該計畫被視為現代第一個全面的忠誠度計畫。一九八二年，美國航空開始引入會員等級來獎勵最忠誠的會員，起初是為了將空餘的座位免費獎勵給常旅客（否則空餘的座位無疑是極大的資源浪費），後來則慢慢變成會員搭乘飛機次數越多，所獲得的獎勵里程和會員權益就越多，這極大鼓勵了會員重複購買和搭乘更多次美國航空的航班。

由於AAdvantage常旅客里程計畫給美國航空公司帶來了競爭優勢，其他競爭對手也紛紛開始模仿推出類似的常旅客里程計畫。各家航空公司主要與其國內的其他航空公司進行競爭，而乘客進行國際旅行，例如轉機，往往需要不同國家的航空公司之間的協作，於是就慢慢開始出現不同國家之間航空公司的超級常旅客里程計畫聯盟。

一九九七年，世界上第一家全球性航空公司聯盟——星空聯盟（Star Alliance）在德國法蘭克福成立，美國聯合航空是星空聯盟的創始成員之一。由於星空聯盟的出現，它的任何一個成員航空公司的會員都可以享用全球更多機場貴賓室，享受相互通用的特權和禮遇，同時會員搭乘星空聯盟任一成員航空公司的航班，皆可將累計里程數轉換至任一成員的里程計畫的帳戶內，這樣可以讓會員更容易積攢里程，並成為更高級別的精英會員。星空聯盟自成立以來發展迅速，截至二〇二二年四月底，全球各國已有二十六家航空公司成為星空聯盟的正式成員，航線涵蓋了一百九十二個國家和地區。中國的中國國際航空公司（國航）和深圳航空公司（深航）便是星空聯盟的成員。

星空聯盟成立之後，其他的航空聯盟也很快出現了。一九九九年，由美國航空等聯合成立的「寰宇一家」（oneworld）航空聯盟成立了。二〇〇〇年，由美國達美航空等聯合成立的「天合聯盟」（SKYTEAM）也成立了。中國的中國東方航空公司（東航）和廈門航空公司（廈航）便是天合聯盟的成員。

下面我們以星空聯盟裡的中國國際航空公司的里程計畫「鳳凰知音」為例，來說明該忠誠度計畫究竟如何幫助國航打造顧客忠誠。首先，任何乘客都可以免費加入該計畫成為會員，並在乘坐星空聯盟任一成員航空公司的航班時，都能夠把里程積累到會員在國航的里程帳戶。其次，如果會員在一年中的飛行里程達到四萬公里、八萬公里或十六萬公里，則會員可以分別升級為銀卡、金卡或白金卡三個不同等級的貴賓會員。

銀卡、金卡和白金卡貴賓會員可以享受相應的特別權益，例如，銀卡及以上貴賓會員即使購買經濟艙機票，也可以享受比經濟艙更多的免費行李托運額度，而金卡和白金卡會員即使購買經濟艙機票，也可以和頭等艙、商務艙乘客一樣優先登機，同時還可以去頭等艙和商務艙休息室候機。

不要小看這些貴賓會員權益。以國航白金卡貴賓會員為例，每年需要飛行十六萬公里才能保級白金卡，相當於從北京飛到上海大約一百六十次（北京到上海的里程約為一千公里）。一年只有五十二個星期，這就意味著一位白金卡貴賓會員如果只在北京、上海之間往返出差，平均每週需要飛行三次。這樣高的飛行頻率，如果乘客完全忠誠於一家航空公司，那將對這家航空公司的收入和利潤做出極大的貢獻。因此，航空公司必須對這類常旅客給予特別優待。

那麼，對一個平均每週要在北京和上海之間飛行三次的常旅客來說，他最關心的特別權益是什麼？用一個國航白金卡貴賓會員朋友的話來說，其實無非是無須排隊的提前登機和休息室裡的那碗免費牛肉麵。因為，對一個一年只乘坐一兩次飛機的普通乘客來說，偶爾排一兩次隊登機根本無所謂；對一個一年飛行一百六十次的常旅客來說，這就意味著他一年需要排隊登機一百六十次，無疑會浪費大量的時間，排隊對他來說是最痛苦的。

同時，這樣的常旅客由於頻繁出差，經常會錯過用餐時間，休息室裡的一碗免費牛肉麵絕對是饑腸轆轆的他充饑的最佳選擇，一年下來，一百六十碗免費牛肉麵也能節省一筆不小的費用（如果去機場餐廳自費購買，平均一碗牛肉麵需要五十元人民幣，一年一百六十碗就是八千元），更不用說通常他們都是抓緊時間去趕飛機，根本沒有時間去餐廳裡慢慢點餐等餐。

弄清了這些常旅客的痛點和需求，就不難理解他們為什麼會被這些航空公司的忠誠度計畫吸引了。這些常旅客都是為企業或者單位出差，而大多數企業或單位都無法報銷商務艙，只能報銷經濟艙，沒有貴賓會員的特別權益，就意味著他們每次登機都要排長隊，而且會經常挨餓。因此，這些常旅客都非常在乎貴賓會員的特殊權益。

正因如此，哪家航空公司擁有更多的貴賓常旅客會員，那家航空公司就有資格在機票上漲價。例如，在北京到上海的這條黃金航線上，儘管都是二個小時左右到達，但不同航空公司的票價仍然相差較大。在這條航線的兩個主要競爭對手國航和東航之間，國航的票價通常都比東航貴一百～二百元。

國航敢於這樣制定更高價格的底氣是什麼？其實就是國航擁有更多的貴賓常旅客會員，他們都是為企業或者單位出差，機票費用可以報銷，所以根本不在乎機票價格，但他們非常在乎提前登機和免費牛肉麵等貴賓常旅客的特殊權益。因此，這些常旅客就會每次出差都堅持購買他們作為貴賓會員的這家航空公司的機票，以便享受貴賓權益。

一個優秀的忠誠度計畫不僅可以提高一家企業的競爭力，讓顧客幾乎每次都選擇該企業而非其競爭對手的產品或服務，甚至有時還可以增加顧客計畫外的消費。舉一次我自己的親身經歷為例。作為一家航空公司的白金卡會員，我每年大約都需要飛行十六萬公里才能保級，這樣第二年我才能繼續享有一些特別權益。由於平時我出差都是別的企業邀請我去講課或諮詢，機票費用都由對方承擔，所以我根本不在乎機票價格，於是我每次都要求對方為我購買我作為白金卡會員的這家航空公司的航班。有一年，到了十二月底，我發現已經沒有其他企業或者機構邀請我出差了，而我這一年到十二月底一共飛了十五萬五千公里，離十六萬公里的保級里程還差五千公里。

怎麼辦？如果無法保級，第二年我就會失去很多這家航空公司的白金卡貴賓權益，特別是贈送的八張全球升艙券（可以用於出國飛行的長途航班）。於是，當時我做了一個看起來很不理性的決策：在年底已經沒有任何其他企業邀請我出差的情況下，我決定自己花錢飛一趟，以湊夠這五千公里的里程。

當然，為了讓自己看起來沒那麼傻，我就對家人說：「年底了，咱們已經非常辛苦地工作了一年，現在獎勵一下自己，全家去度個假如何？」家人欣然同意，我們一起飛去新加坡過了一個開心的週末。而我唯一沒有對家人說的是，其實除了度假之外，我還需要那五千公里的保級里程——新加坡距離正好合適，還沒有時差問題。

由於忠誠度計畫極大幫助了航空公司打造顧客忠誠和提高競爭力，很快其他行業也都開始模仿航空業推出自己的顧客忠誠度計畫。其中應用得非常成功的一個行業是酒店業。例如，希爾頓酒店集團（旗下品牌包括希爾頓、康萊德、華爾道夫、希爾頓歡朋、希爾頓逸林等）、洲際酒店集團（旗下品牌包括洲際、皇冠假日、假日等）、萬豪酒店集團（旗下品牌包括萬豪、麗思卡爾頓、萬麗、喜來登、威斯汀、瑞吉等）都有自己的會員計畫，並且會員計畫在同一酒店集團下的不同品牌酒店通用。這些酒店集團的忠誠度計畫除了對貴賓會員提供免費酒店住宿獎勵，還提供貴賓會員專用櫃檯（辦理入住或退房時無須排長隊）、免費延時退房到十六點（不用中午十二點著急退房了）等特別權益。

在今天的中國市場，各行各業都推出了會員計畫。各種商場和零售店如北京SKP

百貨商場推出了購物可以積攢積分的會員計畫，以鼓勵會員保持長期忠誠。甚至，很多餐廳、理髮店和足療店的服務人員在見到顧客時說的第一句話就是：「您是會員嗎？」然而，大多數會員計畫都變成了充值卡，而在設計上缺乏給會員他們最關心的特別權益。例如，很多消費者都有過還沒消費完充值卡餘額，就發現店鋪關門跑路的不愉快經歷，這類會員計畫飽受消費者詬病。又如，很多著名的連鎖餐廳都會遇到門口顧客大排長龍的情況，卻沒有一家餐廳對其貴賓會員提供類似航空公司那樣的免排隊特別權益。顯然，這樣的會員計畫缺少吸引力，很難真正留住那些時間成本較高但願意多花錢吃飯的顧客。

除了忠誠度計畫之外，建立類似車主會、品牌發燒友等企業或品牌的粉絲俱樂部，也是提高顧客忠誠度的一個好方法，這種方法還可以鼓勵粉絲自發性傳播品牌，進一步提高品牌的知名度。著名的哈雷大衛森（Harley-Davidson, 簡稱「哈雷」）摩托車公司的品牌在很大程度上就受益於哈雷車主會。一九八三年，哈雷公司成立了第一個哈雷車主會（Harley Owners Group），以滿足騎手們分享激情和展示自我的渴望。哈雷車主會的會員們經常會在陽光明媚的週末一起騎行，他們那威風的摩托車隊和拉風的馬達聲就成了宣傳哈雷品牌最好的活廣告，並把哈雷一個多世紀以來的品牌靈魂——追求自由和個性的生活方式表現得淋漓盡致。如今，哈雷車主會已成為世界上最大的由生產廠商贊助的摩托車組織，而且它的規模仍在不斷擴大。

第 4 章

行銷策略

讓顧客欲罷不能的五大方法

二〇〇三年，特斯拉公司由馬丁・艾伯哈德（Martin Eberhard）和馬克・塔彭寧（Marc Tarpenning）在美國矽谷聯合創立，創始人將公司命名為「特斯拉汽車」，以紀念偉大的物理學家尼古拉・特斯拉（Nikola Tesla）。二〇〇四年，已有PayPal和SpaceX等連續創業經驗的伊隆・馬斯克向特斯拉公司投資六百三十萬美元，要求擔任特斯拉公司的董事長並擁有所有事務的最終決定權，從此開始帶領特斯拉在電動汽車行業快速發展。截至二〇二二年四月八日，特斯拉公司的市值高達一點零六兆美元，特斯拉CEO馬斯克也以超過三千億美元的身家成為新的全球首富。

特斯拉的成功，離不開其清晰的產品、定價、通路和傳播等行銷組合策略。特斯拉的產品策略非常清晰，分為轎跑車和SUV兩條產品線。不論是轎跑車還是SUV，特斯拉都採用了「先高端，再入門級」的產品策略。在產品設計上，特斯拉的策略是簡潔和科技，以區別於傳統汽車。而在核心的產品安全性和駕駛性能包括自動駕駛軟體上，特斯拉也一直領先業界。

二〇〇八年十月，特斯拉的首款產品Roadster上市，但每輛車的成本高達十二萬美元，遠高於馬斯克在發布該產品時宣布的定價十萬美元（當時馬斯克預計該車成本可控制到每輛七萬美元），因此特斯拉當時面臨虧錢賣車的窘境。不過，這款車儘管虧錢，卻成功把特斯拉的品牌定位成了豪華電動汽車。

二〇一二年，特斯拉的第二款產品Model S轎跑車上市，同樣定位為高端豪華轎跑車，基礎定價為每輛七萬九千九百美元。Model S的銷量在二〇一三年第一季度力壓賓士、寶馬等傳統豪華車，奪得北美七萬美元以上豪華車市場的銷量冠軍。這對一款剛推出不久的電動汽車來說，是史無前例的表現。特斯拉也在二〇一三年第一季度首次實現盈利，股價大漲。

Model S的高昂定價和它在高端豪華轎跑車市場的優秀表現，成功幫助特斯拉牢牢占據了消費者的心智（特斯拉＝豪華電動汽車），因此當特斯拉在二〇一六年四月一日發布入門級的豪華轎跑車Model 3（對標奧迪A4、寶馬3系和賓士C級）時，其低至三萬五千美元的基礎定價讓用戶為之瘋狂，在特斯拉開放官網預訂之前，僅靠門店排隊預訂時，Model 3的訂單數量已經超過十一萬五千輛，而在開放官網預訂之後，首周內總預訂量就達到二十七萬六千輛。Model 3於二〇一七年七月正式開始交付，到二〇一九年，Model 3在美國的銷量已經遠超同級別的奧迪A4、寶馬3系和賓士C級。截至二〇二一年六月底，Model 3僅僅用了四年，全球交付量就超過了一百萬輛。根據汽車媒體Car Industry Analysis發布的二〇二一年全球汽車銷量排行榜，Model 3以五十一萬輛的全球年銷量成功躋身榜單前十，並成為唯一進入前十榜單的電動汽車。

在SUV產品線上，特斯拉也採用了「先高端，再入門級」的產品策略。二〇一五年九月，特斯拉發布了第三款產品Model X，定位為高端豪華跨界SUV（對標寶馬X6），基礎定價八萬九千九百九十美元。由於Model X不僅性能優異，還有獨特的鷹翼門，這款SUV一經推出就立刻獲得了市場的歡迎和讚譽。

再一次，Model X的高昂定價和它在高端豪華SUV市場的優秀表現，成功幫助特斯拉牢牢占據了消費者的心智（特斯拉＝豪華電動汽車）。因此，當特斯拉在二〇一九年三月十五日發布入門級的豪華跨界SUV Model Y時，其低至三萬九千美元的定價再次讓用戶為之瘋狂，Model Y也在市場上取得了類似Model 3的成功。從二〇二〇年三月第一次交付起，截至二〇二一年六月底，僅僅一年左右，Model Y的全球交付量就已經超過二十五萬輛。

由此可見，在定價策略上，特斯拉都是透過高端豪華車的高定價來樹立品牌形象，然後透過入門級豪華車的低定價來獲得市占率。在中國市場，其他汽車廠商的定價策略往往都是中國定價高於美國等海外市場定價（同一車型）。然而，特斯拉對中國市場的定價以不高於美國市場為其獨特策略（中國政府徵收的增值稅和進口關稅不計算在內），甚至由於有些車型如Model 3和Model Y有中國政府對新能源車的補貼，中國消費者可以用比美國消費者更低的價格買到。例如，中國市場Model 3的售價最低曾是二十三點五九萬元人民幣，低於美國市場Model 3的最低售價三點九九九萬美元（以一美元=七點二元人民幣的匯率計算，相當於二十八點七九萬元人民幣）。因此，Model 3和Model Y都在中國市場獲得了巨大成功：二〇二一年，Model 3在中國市場的累計銷量為十五萬一千二百三十四輛，在中國市場所有轎車車型中年銷量排名第一；而Model Y的累計銷量為十七萬七百八十六輛，在中國市場所有SUV車型中也排名第一。

在通路策略上，特斯拉也非常與眾不同。傳統汽車廠商都是透過汽車經銷商進行汽車銷售的，特斯拉則透過直銷進行汽車銷售。特斯拉在各大購物中心裡設立的展示中心非常時尚，吸引了大量消費者的注意力。這讓消費者買車變得更加容易（無須專門驅車去傳統的汽車4S店），而且進一步強化了特斯拉時尚、創新的品牌形象。同時，直銷也讓特斯拉能以最低的價格把汽車銷售給消費者，以擴大市占率。

在傳播策略上，特斯拉主要利用發布會、官網和社交媒體進行傳播。特斯拉每次發布新車，都和蘋果公司發布新品一樣吸引注意力。和其他傳統汽車廠商不同，特斯拉的官網不僅是產品展示的視窗，更是消費者可以直接預訂的商店。特斯拉和馬斯克一直是社交媒體上的熱門話題，馬斯克的推特（現為「X」）帳號粉絲數量甚至超過了一億，非常不可思議。可以說，他發一條推特所達到的傳播效果，遠遠超過絕大多數傳統媒體的觸及人數。

最後，在服務策略上，與傳統汽車廠商無法免費線上為老車升級系統不同，特斯拉允許用戶為老車免費升級系統或付費購買額外的自動駕駛功能，這保證了老用戶一直可以擁有一輛最「新」的汽車，獲得了用戶的熱烈歡迎。同時，與大多數傳統廠商並不擁有客戶資料不同，特斯拉有每個顧客的帳戶資料，可以建立並維護終身客戶關係。

特斯拉正因為在產品、定價、通路、傳播、服務等各個行銷組合策略上的用心，才獲得了消費者的熱烈歡迎和市場上的巨大成功，並成為汽車行業全球最高市值公司。不可思議的是，特斯拉的市值竟然還大於全球汽車行業市值前十企業後九名的市值總和。

接下來，我們來詳細討論企業該如何設計行銷組合策略，包括產品、定價、通路、促銷（傳播／溝通）、服務等，它們被簡稱為4Ps。

產品策略：如何打造火爆的產品？

第三章討論過，如果企業能比行業裡的大多數競爭對手提供更高品質的產品給顧客，而價格並沒有太大區別，那麼企業就為顧客創造了更高的價值，企業的產品也就容易暢銷。由此可見，產品策略是企業提高競爭力的重磅武器。

在蘋果公司於二〇〇七年發布iPhone之前，市場上的智慧手機已經非常多，例如著名的黑莓智慧手機、iPAQ掌上型電腦、Palm Treo智慧手機等。這些智慧手機的作業系統各異，但基本上有一個共同點——附帶全鍵盤和觸控筆。當時，全球手機銷量已超過八點二五億支。儘管蘋果公司在二〇〇七年之前從未進入過手機行業，但數位相機行業的衰敗讓賈伯斯居安思危：二〇〇五年，蘋果公司的iPod銷量高達二千萬台，占蘋果公司總收入的百分之四十五。在形勢一片大好的時候，賈伯斯心裡卻非常擔憂。因為，他觀察到當時很多手機都開始配備攝像鏡頭，結果導致數位相機市場急劇萎縮。賈伯斯在思考，如果手機製造商也在手機裡加入iPod的功能，那麼蘋果公司的iPod可能就會面臨和數位相機類似的困境。

與其被競爭對手顛覆，不如自己顛覆自己！於是，與開發iPod打敗其他可攜式音樂播放器一樣，賈伯斯開始讓團隊開發一款包含iPod音樂播放功能的智慧手機，去打敗智慧手機行業的競爭對手。那時，蘋果公司已經在蘋果筆記型電腦的基礎上開發帶多點觸控功能的平板電腦。有次賈伯斯看到團隊對平板電腦模型的演示，覺得這項技術可以用到手機上，而手機的重要性遠遠大於平板電腦，於是賈伯斯暫時擱置了平板電腦的開發，要求團隊全力開發帶多點觸控功能的手機。

二〇〇七年一月，賈伯斯在蘋果公司的Macworld大會上發布了第一代iPhone，這是一台融合了iPod和手機的互聯網通信設備。二〇〇七年六月二十九日，iPhone上市，大量粉絲來到蘋果零售店門口排隊購買。iPhone的出現，真正變革了智慧手機行業，蘋果公司也因此獲得了不可思議的成功，連續多年銷量每年都以幾乎翻倍的幅度成長，到二〇一九年，蘋果公司已售出超過十五億支iPhone，其利潤占全球手機市場利潤總額的一半以上。可以說，是iPhone真正讓蘋果公司再次起飛。

企業在設計產品時一定要做到以顧客為中心。而由於顧客存在差異性（不同國家、不同地區的顧客非常不同），所以產品需要根據顧客的不同特點和需求進行調整。否則，即使是質量非常好的產品也可能銷路不佳。以黑莓智慧手機為例，黑莓智慧手機在二〇〇七年蘋果發布iPhone之前在歐美市場非常成功，但奇怪的是，即使是在二〇〇七年之前，黑莓也從未在中國市場獲得成功。那時，黑莓手機在全球智慧手機市場上如日中天，也還沒有iPhone的競爭，為什麼它在中國市場沒有獲得成功？

如果分析一下當時黑莓手機在歐美市場的成功，就不難發現其受歡迎的原因主要在於即時收發電子郵件的功能。作為一款商務手機，黑莓的主要功能是可以即時收發電子郵件，並配備了全鍵盤。為什麼即時收發電子郵件功能對歐美使用者非常重要？原因其實很簡單，電子郵件是歐美企業最重要的商務溝通方式。以美國為例，大多數美國企業的員工名片上只有辦公室電話和電子郵箱，而沒有留員工個人的手機號碼。這樣做是因為大多數美國人都把手機號碼看成私人號碼，並不希望下班後還被老闆或客戶聯繫。因此，美國企業與客戶基本上都靠辦公室電話或者電子郵件進行溝通。電子郵件的溝通效率比較低，因為企業員工下班離開了辦公室電腦，就不再收發電子郵件，大多數電子郵件的禮貌回覆時間是二十四小時之內（如果是週五下午發的郵件，則可能需要到七十二小時後的週一下午才能獲得回覆）。

因此，當加拿大RIM公司在二〇〇二年推出第一台擁有即時收發電子郵件功能的黑莓手機時（在此之前，RIM公司的產品主要是擁有電子郵件收發功能的尋呼機），該手機立刻獲得了歐美商務市場的熱烈歡迎。很多美國企業都購買黑莓手機和數據服務，免費給員工使用，因為黑莓手機可以幫助企業提高商務溝通的效率：原來下班後不回覆電子郵件的員工，現在可以第一時間回覆電子郵件了，不論是在家裡還是在地鐵或者計程車上。正因為其即時收發電子郵件功能大受企業歡迎，黑莓才成為那個時代的智慧手機王者。二〇〇四年年底，黑莓已經進入四十個國家，除了自營以外，RIM公司還透過全球八十個移動營運商的管道來銷售黑莓手機，擁有超過二百萬名終端使用者。二〇〇六年，中國移動也和RIM公司簽署協議，把黑莓手機引入中國市場。到二〇〇七年，經過連續數年的高速發展，RIM公司的市值高達六百九十二億美元，成為當時加拿大市值最高的公司。可以說，電子郵件功能給了黑莓手機一個巨大的產品優勢，使其成為當時全球最受歡迎的智慧手機。

然而，即使在iPhone這個競爭對手出現之前，黑莓手機在中國市場也一直沒有受到歡迎。為什麼？原因很簡單：黑莓手機最受歐美使用者歡迎的即時收發電子郵件功能對中國商務用戶來說並不重要。對歐美商務使用者來說，電子郵件是他們進行商務溝通的主要方式。而在中國市場，商務溝通的主要方式並非電子郵件，而是用手機打電話和發簡訊。這是一個巨大的文化差異——歐美商務人士在名片上印著辦公室電話號碼和電子郵箱，而中國商務人士在名片上印著手機號碼。

中國很多商務人士也有工作單位的電子郵箱，但在名片上印上的常常是自己的QQ

郵箱等協力廠商郵箱。在中國，如果要和客戶或者供應商等商務夥伴約今晚的飯局，那麼一定是透過手機打電話或者發簡訊進行聯繫的，而不是發電子郵件——大多數中國人並不即時查看電子郵箱，往往只是每天查看一次，甚至幾天才查看一次。如果要用電子郵件約別人今晚吃飯的話，估計等對方看到郵件時，飯菜都涼了，甚至餿了。

中國市場和歐美市場在商務溝通上的文化差異還有很多，例如，中國人往往不習慣進行電話語音留言，而歐美人對此習以為常……正是由於這樣的巨大文化差異，黑莓手機的即時收發電子郵件功能儘管對歐美商務用戶非常重要，但對中國商務用戶來說沒有太大意義，也就無法在中國市場成為暢銷的手機了。

在當今的中國市場，消費升級是一個大的趨勢。畢竟，經過幾十年的經濟發展，中國人民的生活水準有了很大的提高，人均GDP在二〇二一年已超過一點二五萬美元。可以說，在中國的一、二線城市，中產階級已不再滿足於過去全國各地市場到處都一樣的普通產品，而是對高品質的產品有非常大的需求。初創企業往往需要高品質的新產品創意來打造「爆品」，而消費者未被滿足的需求通常就是最好的新產品創意來源。很多時候，消費者也願意為更優秀的產品支付更高的價格。

喜茶、樂純酸奶、鐘薛高雪糕、鮑師傅糕點、三隻松鼠零食等新品牌為什麼爆紅？因為它們的品質確實比目前市場上大多數老品牌更高，儘管價格也更高，但它們滿足了部分中國消費者消費升級的需求。因此，產品策略是企業行銷組合策略中最重要的支柱之一。可以說，好的產品就是企業成功的一半。

服務策略：如何讓顧客滿意並建立競爭優勢？

現在，大多數產品的銷售都伴隨著服務，因此，企業的服務策略非常重要。以亞馬遜公司為例。儘管消費者在亞馬遜上購買的是商品，但亞馬遜提供的Prime會員一日或兩日免運費送達等服務，才是亞馬遜最大的競爭優勢和「護城河」。亞馬遜Prime會員的福利最初是只要交七十九美元的年費，即可享受絕大多數商品（超過一億件）兩天內免費送貨到家的特別權益。

最初，亞馬遜並沒有自己的物流網路，而主要靠UPS（美國聯合包裹運送服務公司）和聯邦快遞這兩個物流合作夥伴提供快遞服務。二〇一三年耶誕節期間，訂單激增，天氣惡劣，而且UPS和聯邦快遞在週末和法定節假日都不送貨，導致假期前後大量包裹配送延誤，顧客抱怨得非常厲害。傑夫．貝佐斯意識到了快速物流服務的重要性，於是決定建立亞馬遜自己的物流網路，掌控商品從供應商倉庫到物流中心再到消費者家門口的整個過程。此後，亞馬遜開始自建物流網路，購買卡車、拖車，租賃飛機，並在物流中心大量應用機器人以進一步提高物流效率。

這些機器人提高了物流分揀的效率，亞馬遜不再需要讓員工在面積巨大的物流倉庫裡每天來回走十幾英里，從各處貨架上挑揀商品。不但如此，機器人還為亞馬遜節約了大量的人工費用，增加了亞馬遜的競爭優勢。由於物流效率的提高，亞馬遜開始將Prime會員的兩日送達服務升級為在八千個美國城市，超過一百萬件商品當日或一日免運費送達，進一步增加了會員福利，也拓寬了亞馬遜的競爭護城河。

除了透過提高物流服務來增強競爭力，亞馬遜還免費向Prime會員提供視頻訂閱服務。當貝佐斯第一次對亞馬遜高管提出這個想法時，他們根本無法理解。但後來事實證明，貝佐斯的這個方法確實很有用。因為消費者都喜歡「免費」。可以免費觀看電影和電視節目，讓亞馬遜Prime會員覺得每年七十九美元的會員費很划算，這促使亞馬遜Prime會員數量大幅成長。

提供免費視頻訂閱服務之後，亞馬遜後來也兩次提高了Prime會員費，二〇一四年從七十九美元提高到九十九美元，二〇一八年再次提高到一百一十九美元。一日免運費送達和免費的視頻訂閱服務使得亞馬遜Prime會員數量激增。二〇一八年，亞馬遜Prime全球會員超過一億人，亞馬遜的淨利潤從二〇一七年的三十億美元快速成長到二〇一八年的一百億美元，亞馬遜的市值在二〇一八年年底飆升到了七千三百億美元，這也幫助貝佐斯在二〇一七年八月超過比爾・蓋茲，成為全球首富。二〇二〇年第一季度，亞馬遜Prime全球會員人數突破一億五千萬人，亞馬遜的市值也突破一兆美元，貝佐斯的身家達到驚人的一千二百四十億美元，連續幾年居於全球首富的位置。

服務對中國企業來說可能更為重要。因為中國企業的產品給人的感知往往是品質一般，價格比較便宜。如果能夠在服務上做得比競爭對手更好，那麼企業就可以獲得競爭優勢。以海爾為例。海爾的家電產品一直以來都在中國消費者當中享有良好的聲譽，是海爾電器的品質最好嗎？事實上，海爾領先同行的是服務。中國標準化研究院顧客滿意度測評中心，每年都會聯合清華大學經濟管理學院中國企業研究中心發布不同家電品牌的顧客滿意度。在二〇二二年發布的十一類家電產品顧客滿意度調查結果中，海爾不僅拿下十項全優，更有七個品項排名第一，其中冰箱連續十四年奪冠，滾筒洗衣機連續十一年、電熱水器連續十年、電視機連續七年奪冠。由此可見，海爾的售後服務是它的核心競爭力。

再以三一重工為例。儘管三一重工銷售的是工程機械產品，但服務是它的金字招牌。在中國的工程機械行業，三一重工面臨著美國卡特彼勒等國外同行和徐工等中國同行的激烈競爭：卡特彼勒等全球競爭對手的產品品質有優勢，而徐工等中國競爭對手的價格有優勢。於是，三一重工選擇用服務進行差異化，推出了「部件損壞無法工作，免費換一台新機器」的服務方式，解決客戶的後顧之憂。

要知道，工程機械行業的客戶是施工企業，對施工企業來說，購買的挖掘機等工程機械一旦故障，就會影響工期（在中國，重大工程的工期還經常是政治任務，例如要求國慶前完工或者年底完工）。因此，三一重工的服務承諾具有很強的吸引力：三百六十五天二十四小時不間斷服務，二個小時內到達現場，一天內排除故障；若一天之內無法排除故障，則由三一重工免費換一台新機器運過來，讓客戶可以繼續施工，保證工期，等客戶原來的工程機械維修好了再換回來。顯然，這樣的服務承諾可以讓施工企業安心施工，服務成為三一重工的核心競爭力，三一重工在挖掘機等產品上的市占率連續多年蟬聯中國第一，領先徐工、卡特彼勒等品牌。

定價策略：如何提高市占率或利潤率？

一、定價策略的威力

除了產品和服務策略之外，企業的定價策略也舉足輕重。

以全球最大的共用民宿平台Airbnb為例。與傳統的酒店相比，共用民宿顯然在價格上有極大的優勢。二〇〇七年秋，住在舊金山的布萊恩．切斯基（Brian Chesky）和喬．傑比亞（Joe Gebbia）正因為房租問題一籌莫展。他們倆都是美國羅德島設計學院的畢業生，但都處於失業狀態，窮得付不起在舊金山的房租。當時有個設計師大會在舊金山舉行，非常火爆，當地所有的酒店都已經預訂滿了。喬・傑比亞從中發現商機，給布萊恩・切斯基寫了一封郵件陳述他的創業想法：「我們可以在客廳放幾張充氣床墊，然後將床位租出去，為前來參會的設計師們提供一個落腳之地，並向他們提供房內的無線網路和早餐等服務。」他倆一拍即合，迅速行動起來，把三張充氣床擺在房間裡，並建立了一個簡單的網站，給他們的充氣床打廣告，居然在週末成功招到了三個租客，每人向他們支付了八十美元的房租。他們將這項出租服務稱為「充氣床和早餐」（air bed and breakfast），而這就是Airbnb品牌名稱的來源。

喬・傑比亞和布萊恩・切斯基看到了民宿線上短租的前景，並拉了工程師朋友南森・布萊查奇克（Nathan Blecharczyk）入夥一起創業。正是透過提供低價的民宿，經過十餘年的發展，Airbnb已經擁有四百多萬名房東，接待了來自全世界各地超過八億人次用戶。二〇二〇年十二月，Airbnb在美國納斯達克證券交易所成功上市。截至二〇二二年十月十二日，Airbnb的市值高達七百一十八億美元，比全球最大的酒店集團萬豪的市值（四百六十億美元）還高。

二、基於不同顧客需求的定價策略

除了低價策略之外，企業的價格策略更重要的是對顧客進行分析，向不同的顧客提供不同的價格。定價對於企業打造暢銷產品和創造高利潤有著決定性作用。然而，大多數企業對定價不甚瞭解，很多甚至還在用成本加成法等錯誤的定價方法。所謂成本加成定價法就是簡單地透過確定產品成本，再加上事先決定的加成利潤來進行定價。儘管成本加成定價法被許多企業使用，但它不論有多麼普及，都是一種錯誤的定價方法。因為決定價格的核心是企業的產品或服務在顧客心裡的價值，而不是企業的成本。

此外，企業不要簡單地為所有顧客設立同一個價格。請記住，不同顧客的需求是不同的，支付意願也是不同的。因此，企業要為不同的區隔市場或顧客提供不同的產品或服務，並相應地設立不同的價格，這樣才能更好地滿足不同顧客的不同需求，企業的利潤才會更加豐厚。

以航空公司為例，傳統全服務航空公司會提供四種不同艙位——頭等艙、商務艙、超級經濟艙、經濟艙，這些不同艙位的核心利益是一致的（運送旅客到目的地），但不同艙位的價格差別非常大，盈利能力也非常不同。我在清華的課堂上經常問這樣一個問題：以英國航空公司從英國倫敦到美國華盛頓這條跨大西洋黃金航線為例，飛機是波音777寬體客機，艙位一共有頭等艙、商務艙、超級經濟艙、經濟艙四種，哪種艙位最賺錢？

有的同學回答頭等艙，有的同學回答商務艙，有的同學回答超級經濟艙，還有的同學回答經濟艙。四個答案中只有一個是正確的，大多數人的回答是錯誤的。那麼，究竟哪個回答才是正確的呢？

我們不妨一起來看看表1中英國航空公司這條航線，波音777寬體客機不同艙位的價格、座位數和

	單價（美元）	座位數	總收入（美元）
頭等艙	8,715	14	122,010
商務艙	6,723	48	322,704
超級經濟艙	2,633	40	105,320
經濟艙	876	122	106,872

表 1 英國航空公司從英國倫敦到美國華盛頓航線，波音 777 寬體客機不同艙位的單價、座位數和相應的總收入

相應的收入資料。

由此可見，在英國航空公司的這條跨大西洋航線上，最賺錢的艙位是商務艙，四十八個座位就能創造三十二萬二千七百零四美元的收入；最不賺錢的艙位是經濟艙，一百二十二個座位才能創造十萬六千八百七十二美元的收入。為什麼會這樣呢？要想知道這背後的原因，就要分析不同艙位顧客的不同支付意願和相應的人數。

第一，頭等艙的價格最高，而且企業不允許報銷頭等艙，所以顧客只能是富豪、明星等非常有錢的人，但是這種人數量很少。

第二，顧名思義，商務艙的顧客是出差的商務乘客，他們不是自己掏錢，而是企業報銷。以《財星》全球五百強公司為例，大多數公司都規定高管出差時，飛行時間只要超過六個小時，就可以報銷商務艙機票。這些商務乘客對價格不敏感，因此商務艙的價格很高，接近頭等艙，而且由於出差的公司高管數量很多，商務艙座位數較多，就成為最賺錢的艙位。

第三，所謂超級經濟艙，其實就是不打折的經濟艙，但是座位比經濟艙更寬敞一些，而且可以提前登機。那麼，超級經濟艙的顧客是誰呢？也是商務乘客，所以超級經濟艙的價格也較高。大多數企業和機構的福利都沒《財星》全球五百強公司這麼好，通常不能報銷商務艙機票，但是允許報銷超級經濟艙和普通經濟艙。畢竟，員工為企業出差已經很累了，企業沒法兒苛求員工一定要買折扣大的經濟艙機票才能報銷。否則，如果沒有折扣大的經濟艙機票，難道就不出差了？正是由於商務乘客對價格的不敏感，超級經濟艙的盈利能力也非常不錯。

第四，經濟艙的顧客是個人或家庭旅行的普通旅客，都是自己掏錢，無法報銷，對價格非常敏感，所以經濟艙的價格非常低。畢竟，不同航空公司的基本服務沒有什麼差別，不管坐哪家航空公司的航班，都可以到達目的地。於是，這些顧客主要看價格來選擇航班。航空公司對這些顧客必須提供低價折扣票，否則這些顧客會選擇競爭對手的航班。

三、基於顧客決策規律的定價策略

我在《理性的非理性》一書裡介紹了大量的行為經濟學和消費者行為學的研究成果，可以幫助企業洞察顧客的決策規律。這些顧客的決策規律也可以被企業應用到定價策略上來。下面我以自己的親身經歷為例，來介紹「折中效應」對企業定價策略的啟發。

十幾年前，我剛加入清華大學任教。一開始我理髮是在清華校內，雖然很便宜，一次才十元，但是服務不太好，也不洗頭，通常還有很多學生排隊，於是後來我決定走出校門，去享受更好的理髮服務。第一次出校理髮時，我去了清華大學校門對面的一家理髮店。還沒走進店，門口的迎賓服務員就熱情地迎上來問候我：「老師您好！」我很好奇：「你怎麼知道我是老師？」服務員笑著說：「在清華門口，我們都這麼叫。」

我也不由得笑了，確實服務態度不錯！於是，我走了進去。

服務員接著問：「您有熟悉的理髮師嗎？」

因為是第一次去這家店，我告訴她：「沒有。」

服務員又問：「那您想找什麼價位的理髮師？」

我很好奇：「有哪些價位？」

服務員拿了一個價目表給我看，說：「有三十八元的，還有六十八元的。」

「三十八元和六十八元有什麼不一樣呢？」

「三十八元的是普通理髮師給您剪頭髮，六十八元的是總監級理髮師給您剪頭髮。」

我當時剛回國，不相信理髮還有總監（在我的認知裡，總監是企業高管，一般對總經理彙報），心裡想：「不就是想多賺我的錢嗎？我可是教行銷的老師呢，沒那麼容易上當！」我就選了三十八元的價位。

這時，我看到了服務員眼中閃過一絲形容不出，卻令我不太舒服的神色。

在那次不太愉快的理髮經歷之後，我就再也沒有去清華門口的那家理髮店理髮，而是改去位於五道口的一家理髮店，離清華也不太遠。第一次去這家理髮店時，服務員告訴我店裡提供的理髮服務有三十八元、六十八元、九十八元和一百二十八元四個價位。同樣地，我問服務員這四個價位的理髮服務有什麼區別。

服務員說：「三十八元的是由普通理髮師給您理髮，六十八元的是由總監級理髮師給您理髮，九十八元的是從韓國學習回來的高級總監給您理髮，一百二十八元的是店長親自給您理髮！」

面對這四個選擇，我的想法就不太一樣了。我實在不好意思選擇最便宜的三十八元，因為這樣不僅在服務員面前有點兒丟臉，連我自己都會覺得對不起我和我的工作單位「清華大學」四個字。我平時工作那麼努力，難道就是為了買東西都買最便宜的嗎？於是，我選擇了六十八元的。

五道口的這家理髮店和清華門口的那家理髮店究竟有什麼不同，能讓我選擇更貴的六十八元呢？其實，它什麼也沒做，只是在價格菜單裡多加了兩種，六十八元不再是最貴的選項，而是中間的、安全的選項，結果就輕易地影響了我的決策。

這就是著名的消費者決策規律之「折中效應」。一九八九年，史丹福大學商學院的伊塔瑪爾・西蒙森（Itamar Simonson）教授第一次發現了「折中效應」。根據西蒙森教授發現的「折中效應」，當需要在偏好不確定的情況下做選擇時，人們往往更喜歡中間的選項，因為中間的選項能讓我們感到安全，不至於犯下嚴重的決策錯誤。換句話說，人們在進行產品選擇時，也傾向於奉行「中庸之道」。

由於「折中效應」的存在，聰明的企業經常利用它來引導消費者選擇更高價位的產品，從而提高收入和利潤。以蘋果公司於二〇二一年推出的iPhone 13的定價為例，當時提供了下面四個選項：

A. iPhone 13 mini，價格5,199元起

B. iPhone 13，價格5,999元起

C. iPhone 13 Pro，價格7,999元起

D. iPhone 13 Pro Max，價格8,999元起

你是不是已經看出來了？

是的，蘋果公司也在利用「折中效應」。市場資料表明，這四款手機中，位居中間（折中）的iPhone 13和iPhone 13 Pro最暢銷。

即使對於其中的同一款手機，蘋果公司的定價也仍然採用類似的折中策略。以iPhone 13 Pro為例：

A. 128GB，價格7,999元

B. 256GB，價格8,799元

C. 512GB，價格10,399元

D. 1TB，價格11,999元

聰明的你是不是看到了「折中效應」的影子？在這四款iPhone 13 Pro中，記憶體為２５６ＧＢ和５１２ＧＢ的兩個版本也成為更受歡迎的版本，因為１２８ＧＢ顯得記憶體太小，１ＴＢ又太貴。

汽車生產商也大量採用了折中策略，同一品牌會提供多個級別的不同產品，而同一級別產品還會提供不同的系列產品。以賓士汽車為例，賓士的主打轎車產品包括S級轎車、E級轎車、C級轎車和A級轎車。資料表明，價格居中的賓士E級和C級轎車銷量最高。再以賓士C級轎車為例：

A. 賓士C200L運動轎車，價格32.52萬元起

B. 賓士C260L運動轎車，價格34.94萬元起

C. 賓士C260 皓夜運動轎車，價格36.74萬元起

D. 賓士C260L 4MATIC運動轎車，價格37.04萬元起

你是不是看到了「折中效應」在賓士系列轎車裡的應用？其他汽車品牌也類似，同

一車型總有不同的配置版本。

例如，上海通用的別克君越有配置簡單的舒適版、雅致版，還有配置較高的豪雅版、豪華版和旗艦版。又如，一汽大眾的邁騰同樣有標準型、精英型、舒適型、豪華型、尊貴型等多個版本。

折中效應可以應用到許多行業。大約十年前，我在清華大學給企業高層上課，班上有一個在北京從事中小學教育行業的學員，做的是「中小學一對一輔導」。一開始的時候，她的公司只提供兩種價位：

A. 普通教師授課：150元／小時

B. 資深教師授課：200元／小時

聽過我的課之後，她回到公司和高管立刻開會，最後決定修改價目表，改為提供四種價位：

A. 普通教師授課：150元／小時
B. 海淀區特優名師授課：200元／小時
C. 北京市特優名師授課：300元／小時
D. 全國特優名師授課：500元／小時

六個月後，這個學生拎著一盒禮物，興高采烈地來請我吃飯。

我問：「什麼事這麼高興？」她告訴我，折中效應非常有效，增加了三百元／小時和五百元／小時兩種價位之後，原來有大約百分之五十的父母選擇一百五十元／小時這一檔，而現在選擇一百五十元／小時的不到百分之十了，大多數家長都選擇二百元／小時和三百元／小時。

由此可見，把折中效應應用到企業的定價策略裡，可以幫助企業大幅提高利潤。而且，引入折中選項的聰明之處還在於，如果只有兩種選擇，消費者在選擇時往往會感到左右為難。這是因為「二選一」往往是最困難的。

人們無論選擇二者當中的哪一個，都會覺得那是對另外一種的放棄。但是如果引入第三個選項或者第四個選項，其中的「折中」選項就會更具吸引力，很好地化解了選擇中的「兩難」局面。

通路策略：如何讓產品觸手可及？

很多人對通路有誤解，認為通路就是「中間商賺差價」，並沒有什麼價值。這種理解當然是錯誤的。如果沒有通路，企業的產品根本無法到達顧客手裡。例如，你現在口渴了，想花二塊錢買一瓶農夫山泉礦泉水，但是如果沒有便利店、超市等零售通路，你就無法獲得農夫山泉礦泉水。如果你自己去農夫山泉的工廠買，路上來回的費用可能都要花上千元，更不用說要花至少一天的時間了。由此可見，通路不但為消費者創造了便利的價值，而且為消費者節約了獲得產品或者服務的成本。

當然，在電子商務和快遞物流越來越發達的今天，企業也可以透過電子商務和快遞物流直接把產品交付到顧客手裡。假設農夫山泉也開設了電商，但是，如果一個消費者直接向農夫山泉公司買一瓶礦泉水，物流費用估計都比這瓶礦泉水本身貴，而且快遞把這瓶礦泉水從農夫山泉的工廠送到消費者手裡，至少要花一兩天。由此可見，即使是現在，通路仍然在創造重要的價值。此外，通路還為企業和消費者提供資金、倉儲、售前諮詢、售後服務、傳遞資訊等其他重要價值。

因此，儘管我們現在處於電子商務時代，越來越多的企業可以減少對通路中間商的依賴而進行直銷，但通路中間商仍然不可缺少，包括部分電子商務通路中間商。以出版社賣書為例，出版社可以直接賣書給消費者，但更多的書往往是透過通路中間商賣出的，這些中間商包括傳統的線下書店，也包括京東、當當等電子商務通路中間商。

事實上，很多互聯網平台本身就是最大的通路。以美團為例。美團現在已經成為餐飲業外賣的最大通路（美團外賣），同時是電影業的主要通路之一（貓眼電影），酒店和民宿業的主要通路之一（美團酒店、美團民宿），超市零售業的主要通路之一（美團買菜、美團跑腿）等等。

美團成功的祕訣是什麼？二〇一〇年，受美國團購網站Groupon的啟發，剛剛步入而立之年的王興在清華大學門口華清嘉園的一套公寓裡創立了美團。如今，美團已經發展成為擁有美團外賣、大眾點評、美團酒店、貓眼電影、美團配送、美團民宿、美團單車、美團買菜等一系列業務的大型生活電子商務服務平台。二〇一八年九月，美團在香港證券交易所上市，IPO首日市值高達三千九百八十九億港元。截至二〇二二年七月二十二日，美團的市值高達一點一九兆港元，在中國所有上市的科技企業裡排名第三，僅次於騰訊和阿里巴巴。

支撐美團在過去十多年裡奇蹟般快速成長的根本原因是什麼？美團堅持「消費者第一，商家第二」。作為一個商業平台，美團連接了數以億計的消費者和數百萬個商家。在二〇一八年上市時，美團在外賣市場中的市占率就超過百分之五十，以絕對優勢占據市場主導地位。在平台的一端，美團年度消費用戶多達三點四億個，這意味著每四個中國人中就有一個在美團上花過錢。在平台的另一端，美團連接著遍布中國的四百七十萬個線下商戶，包括各種各樣的餐廳、酒店、電影院、KTV、美容美髮等本地生活娛樂商戶。

二〇二〇年，新冠病毒肆虐中國並席捲全球，更帶來了百年一遇的全球經濟大蕭條。許多國家為了對抗疫情，都曾經頒布居家令甚至採取封城等措施，導致普通居民在長達數月的時間裡無法出門。正是在這樣的艱難情況下，美團堅持為疫區和億萬消費者提供外賣和超市網購上門配送服務，獲得了各界的由衷稱讚。二〇二〇年三月十九日，美團外賣騎手還登上了著名的美國《時代週刊》封面。正如王興所說的，美團的使命就是「幫大家吃得更好，生活得更好」。

即使是B2B企業，很多也要透過通路中間商來進行分銷。以思科公司為例，思科公司是世界領先的互聯網解決方案供應商，二〇二二財政年度的銷售收入超過五百億美元。其中大約百分之十四的銷售收入來自思科公司的直銷，百分之八十六的銷售收入來自其在全球一百六十多個國家和地區的二萬八千多個通路合作夥伴。思科的銷售隊伍與通路夥伴攜手合作，服務大型終端客戶。通路夥伴負責本地客戶關係、商業方案的制訂、諮詢公司的援助、產品交付、售後支援及顧客購買的融資。可以說，這些通路夥伴給思科公司帶來了顯著的價值。

因此，企業一定要設計好通路策略。通路可以成為企業非常重要的競爭優勢，中國商界甚至有「通路為王」的說法。娃哈哈就是這樣的典型案例。娃哈哈公司由宗慶後於一九八七年創立，三十餘年來，在宗慶後的帶領之下，娃哈哈精心編織出了一張覆蓋近萬家經銷商、數十萬家批發商、數百萬個銷售終端的「聯銷體」網路，如毛細血管般深入中國各地的縣鎮鄉村，使得娃哈哈的產品能在最短的時間內輸送至各地。二〇一九年夏，我去湖北出差，在武漢機場的休息室裡巧遇宗慶後。我和他聊了兩句，發現七十多歲高齡的他仍在親自負責這個「聯銷體」網路，並且親自到各地去見各級經銷商，非常辛苦，由此也可看出通路對於娃哈哈的重要性。

再以樊登讀書為例，作為中國知識付費的領頭企業之一，樊登讀書的發展非常成功。二〇一三年，中央電視臺前主持人樊登創立了樊登讀書會，開始投入知識付費的創業。樊登讀書會的產品非常簡單，主要以三百六十五元年費的讀書會員為主，一年為會員講解五十本書，會員可以在開車、步行、坐地鐵、乘坐公車等各種場景中聽樊登講書的音訊。樊登讀書會初期成功的祕密就是通路。二〇一四年十二月，樊登讀書會的第一個線下通路建立，之後各省、市、縣等合作中心陸續開啟，很快就有了數千家分會性質的各級代理商。二〇一八年，樊登讀書會改名為樊登讀書；二〇一九年七月，樊登讀書的用戶數量突破二千萬。在用戶數量高漲之後，樊登讀書又抓住短視頻和直播電商的機遇，成功在抖音、視頻號等各社交媒體平台吸引數千萬粉絲，並逐漸成為各大出版社直播賣書的重要通路之一。

可以說，不論是初期依靠遍布各地的各級線下代理商發展起來，還是後期把自己發展成為各大出版社的賣書通路，樊登讀書的成功都和通路策略分不開。二〇二二年九月，樊登讀書的註冊用戶數量突破六千萬，它成為中國知識付費行業的龍頭企業之一。

在通路決策中，許多線下服務業企業還可以打造直營店、加盟店等各種連鎖業態，這對於企業的品牌和規模至關重要。因為在這樣的連鎖經營通路策略中，企業主要做的就是從一到n的複製，而非從零到一的創新。我經常在清華的企業家課堂上開玩笑說：

「如果你開了一家餐廳，你可能在社會上並沒有太高的地位，只是個體戶。但是，如果你能開一萬家餐廳，那你可能就成了『全國餐飲協會主席』。要知道，現在最大的餐廳之一海底撈，也只有大約一千五百家分店。」

以全球最大的連鎖餐廳麥當勞為例。一九四〇年，理查・麥當勞（Richard McDonald）與莫里斯・麥當勞（Maurice McDonald）兩兄弟在美國加州的聖貝納迪諾創建了「McDonald's Bar-B-Que」餐廳，這是全球第一家麥當勞餐廳。一九四八年，麥當勞兄弟把自己的餐廳變成了一家快餐廳。一九五四年，雷・克洛克（Ray Kroc）遇到了麥當勞餐廳。克洛克是一個推銷員，他奔波於美國各地，努力推銷一種新型的奶昔攪拌機。可以說，此時已經五十二歲的克洛克混得非常不成功。當時，麥當勞餐廳一次性訂了八台奶昔攪拌機。這個數字震撼了克洛克，因為一般來說，一家餐廳只需要訂一台奶昔攪拌機就夠了。而當他送貨到麥當勞餐廳時，他再次被震撼，因為他看到了一種全新的餐廳形式——快餐廳。克洛克看到麥當勞的顧客大排長龍，覺得這是千載難逢的一個好機會。

於是，經過和麥當勞兄弟談判，克洛克獲得了為麥當勞餐廳拓展連鎖經營的代理許可權。一九五五年，克洛克在美國伊利諾州的德斯普蘭斯以經銷權開設了自己的首家麥當勞餐廳。一九六一年，克洛克以當時的天價二百七十萬美元收購了麥當勞兄弟的餐廳，全力發展連鎖經營。在他的帶領下，麥當勞成為全球最大的連鎖餐廳，克洛克也被譽為「麥當勞之父」。如今，麥當勞遍布全球六大洲的一百一十九個國家和地區，擁有約三萬二千家餐廳，每天服務顧客七千萬人。二〇二一年，麥當勞的營收高達二百三十二億美元，淨利潤為七十五億美元。截至二〇二二年七月二十二日，麥當勞的市值高達一千八百七十八億美元，是全球市值最高的餐廳。

傳播／溝通策略：酒香也怕巷子深

俗話說，酒香不怕巷子深。然而事實上，酒香也怕巷子深。因為只有在知道該酒館後，顧客才可能找到深巷子裡。這就是傳播／溝通策略的重要性。企業應該把產品或服務的獲益和價值傳遞給目標顧客，這樣才能提高顧客購買企業產品或服務的可能。

一、傳播工具的類別

企業可以選擇的傳播工具有很多，主要包括以下幾類：

1.人際傳播：面對面的人員推銷，電話行銷／電話銷售，服務。

2.傳統的大眾傳播：傳統媒體廣告如電視、報紙、雜誌、路邊看板等，以及產品植入、商務展會、公關宣傳等。

3.數位化傳播：網站、電子郵件、線上搜尋引擎、博客、社交媒體、數位化廣告、長視頻、短視頻、移動營銷等。

在今天的商業世界，數位化傳播尤其重要。谷歌、Facebook等互聯網企業都已超過傳統的廣告公司，成為全球廣告巨頭。以全球著名的社交媒體公司Facebook為例。Facebook並非全球第一家社交媒體公司。二〇〇四年，當時還是哈佛大學大二生的馬克．祖克柏（Mark Zuckerberg）創建了Facebook。而早在二〇〇三年，社交媒體MySpace就成立了，它在二〇〇五年還獲得了富豪魯柏．梅鐸（Rupert Murdoch）的新聞集團高達五億八千萬美元的現金收購。所以，不論從時間點來看，還是從資金實力來看，Facebook都落後於MySpace。那麼，Facebook究竟是如何在競爭中成功超越

MySpace，成為全球第一的社交媒體的呢？

其實，Facebook成功的祕訣無非是祖克柏更以顧客為中心，更懂人性，更能洞察顧客的需要，並用更科學的方法去做行銷。作為哈佛大學的一名學生，他理解很多大學男生的煩惱（沒有女朋友），也瞭解他們的愛好（喜歡看漂亮女生）。因此，祖克柏給自己創辦的社交媒體取名Facebook，它最早其實是一個女生照片分享網站，男生們可以在一堆女生的照片中給最漂亮的女生投票。這個「照片選美」活動進行了一個週末之久，到週一早晨被哈佛大學校方關閉，因為哈佛大學的伺服器被擠爆了。此外，很多女生也反映，她們的照片在未經授權的情況下被使用。祖克柏為此公開道歉，並且在校報上公開表示「這是不適當的舉動」。之後，祖克柏決定輟學創業。

在哈佛校園爆火之後，Facebook繼續同樣的策略，在全美各大學和中學之中快速發展。二〇〇六年，在天使投資者和風險投資的資助下，Facebook開始全面推廣。慢慢地，Facebook成為全美最受歡迎的社交媒體，用戶可以在他們的Facebook頁面上更新文章、照片、視頻，可以將消息發送給其他使用者、朋友等，還可以按照個人喜好發表評論或轉發帖子，他們可以玩遊戲和加入不同類型的群組，群組內可以自由發布內容、發送消息。

二〇〇六年，雅虎曾正式開出十億美元的天價欲併購Facebook，卻被當時年僅二十二歲的祖克柏一口回絕。二〇〇七年，微軟以二億四千萬美元的價格購得了Facebook僅百分之一點六的股份，那時Facebook的估值就已高達一百五十億美元了。當時，Facebook已可以透過廣告實現盈利。Facebook不僅有大量珍貴的註冊用戶資料，而且熟知使用者個人偏好，廣告客戶可以使用Facebook的使用者資料和消費者偏好資料高效地篩選目標顧客。

二〇一二年五月十八日，Facebook正式在美國納斯達克證券交易所上市。也是在二〇一二年，Facebook以十億美元收購照片分享社交媒體Instagram；二〇一四年，Facebook以一百九十億美元收購即時通信社交媒體WhatsApp。到二〇二〇年，Facebook及其旗下的Instagram、WhatsApp 等社交媒體平台月活躍用戶總數超過三十億人，年營業額超過七百億美元。

截至二〇二二年七月二十二日，Facebook的市值高達四千五百八十一億美元，進入全球市值前十企業之列。祖克柏僅用了十餘年就把Facebook從一個哈佛大學學生照片分享網站，發展成全球最大的社交媒體平台，改變了許多人的工作和生活，他自己也因此成為位居全球財富榜前十的富翁和最富有的八〇後。

二、傳播／溝通中的理性策略和感性策略

諾貝爾經濟學獎得主康納曼在其恢宏巨作《快思慢想》（*Thinking, Fast and Slow*）裡提到了人的兩種思維方式：理性思維與感性思維。其中，理性思維需要集中注意力，比較慢，但一般比較準確；感性思維則比較快，但可能會帶來偏差。其實，我們每個人都有這兩種思維模式。換句話說，每個人都是既理性又感性的。舉個例子，我們在買車時，可能既會考慮一輛車的安全、性能、座位數、配置等各種理性的因素，也會考慮一些看起來完全和車不相關的感性理由，例如：「今年工作這麼辛苦，應該獎勵一下自己啦！」因此，在與顧客進行溝通時，企業也有理性和感性這兩種不同的策略可以應用。

接下來，讓我們看看有哪些理性策略和感性策略。

1. 說服顧客的理性策略

●有力的論據

在行銷策略中，企業在與消費者溝通時強調產品的品質、屬性、價格等，都是理性策略。

以盒馬鮮生與現代牧業聯合推出的牛奶麵包為例，其包裝袋上的廣告語「百分之百純牛奶打麵，不加一滴水」非常引人注目，這個廣告強調的是麵包品質高，從而吸引了很多注重麵包品質的消費者。

類似地，在牛奶行業，很多品牌都聚焦宣傳其高品質。例如，優諾牛奶在其包裝盒上的廣告語「4.0+優質乳蛋白」也非常吸引眼球，並在包裝盒的另一面進行了詳細解釋，提到「每100ml含≥4.0g原生優質乳蛋白，蛋白質指標要求高於歐盟標準」。這樣的論據，顯然會吸引重視牛奶品質的消費者。

●顯示證明技術

企業在說服客戶時，可以強調證明技術，包括口味測試、安全指標、權威檢測等。例如，很多企業都宣傳自己「透過ISO 9001品質管制體系認證」、「被評為國家級高新技術企業」、「上榜《財星》全球五百強企業」、「擁有國家發明專利×個」等。

●令人信服的代言人

企業打廣告一般都會找代言人。一般來說，代言人和產品並沒有什麼關係，所以找代言人一般都是感性策略。但是，如果找的是和產品相關的令人信服的代言人，那麼就是理性策略。

例如，美國GEICO（政府雇員保險公司）用它的大股東巴菲特做代言人，效果就比用好萊塢明星強。要知道，巴菲特正好是金融專家，代言保險這種金融產品自然令人信服。

類似地，醫藥公司要說服消費者某種藥非常有效，最好找知名醫生或者醫藥領域的知名科學家來代言，這樣效果會非常好。體育運動員代言蛋白粉等產品，也會獲得非常好的效果。

2. 說服顧客的感性策略

●音樂

雀巢公司前CEO包必達（Peter Brabeck）曾說：「我們必須有一個世界通行的行銷方法。什麼東西可以在不同的人種之間實現沒有障礙的共用呢？毫無疑問，是音樂！」

消費者行為領域的研究發現，音樂在認知、情感和行為層面都可以影響消費體驗，特別是在零售行業中。音樂可以影響消費者對品牌廣告的喜好，也可以影響消費者在零售店鋪裡的購買行為。當消費者聽到自己喜愛的音樂時，他們會在商店裡停留更長時間，並且花更多的錢。比起背景音樂嘈雜的商店，消費者更愛在背景音樂舒緩的地方停留。此外，企業還要根據目標顧客來選擇音樂。例如，如果一家奶茶店的目標顧客以年輕人為主，那麼就應該選擇年輕人喜歡的流行音樂；如果一家餐廳以西餐為主，主打國際風，那麼就應該選擇外國音樂為宜。

●幽默、驚險、感人、真誠的廣告

在行銷廣告裡，幽默、驚險、感人、真誠等都是常見的廣告策略，這樣的廣告容易讓消費者喜歡上企業的品牌，從而增加消費者購買產品的可能性。

以賓士和寶馬這兩個豪華汽車品牌為例。二〇一六年寶馬一百周年時，賓士在社交媒體上說：「感謝你與我競爭的一百年，在此之前的那三十年真的有點兒無聊。」以此暗喻賓士比寶馬的品牌歷史還長三十年。這則廣告非常幽默，也被大量網友自發性傳播。

無獨有偶，二〇一九年，賓士全球總裁迪特．蔡澈（Dieter Zetsche）宣布退休，寶馬也趁勢做了一條「祝賀賓士總裁退休」的廣告。在這條廣告的開頭，迪特．蔡澈和眾人告別，在眾人的掌聲中和簇擁下，坐上一輛賓士S級豪華轎車回家，結尾卻來了一個大反轉：等司機開著賓士S級轎車離開後，迪特．蔡澈卻從自家車庫裡開出了一輛顏色鮮豔的寶馬跑車，徹底放飛了自我……廣告這麼說道：「退休意味著你可以告別過去、擁抱未來……感謝多年以來的競爭！一切順利之餘，也要享受純粹的駕駛樂趣。」寶馬的這條廣告非常幽默，引起了全球社交媒體的瘋狂傳播，而且把寶馬與賓士的差異之處表達得非常清楚——駕駛樂趣。中國網友經常說的「坐賓士，開寶馬」，其實就是賓士和寶馬這兩個豪華汽車品牌的不同。

●名人、明星、美女、帥哥型廣告

在行銷策略裡，名人、明星、美女等也是常見的感性廣告策略。不過，在請名人或明星代言時，企業要注意可能帶來的副作用。一旦代言企業產品的名人或明星出現醜聞，企業就會受到牽連。因此，在請這些人代言時，企業要充分考慮風險，做好應對準備。

在化妝品行業，請明星或者美女代言、宣傳和推廣是最經常被使用的廣告策略。

然而，消費者也容易出現審美疲勞，而且往往會覺得這些明星或者美女離自己太遠，或者漂亮得太「假」。聯合利華旗下的多芬化妝品就曾經反其道而行之，推出了「真美運動」。多芬推出的一則名為《演變》的一分鐘短視頻裡，記錄了一名長相普通的女性如何在化妝師、燈光師、造型師和Photoshop修圖軟體的包裝下，成為路邊看板上美若天仙的超級模特兒。該視頻最後的字幕一語中的：「毫無疑問，我們對美的感知已經被扭曲了。一起參加多芬的『真美運動』吧！」這則短視頻發布之後立刻引發了網友的熱烈傳播。事實上，這則視頻由於揭示了很多廣告中的美女形象都是人工打造的，給廣大女性消費者增強了自信，也就難怪受到女性消費者的喜歡了。多芬品牌因此被大量網友免費推廣，其化妝品銷量也快速上漲。

●廣告重複

在行銷策略裡，重複也是一種感性廣告策略，這樣可以增加曝光率，更容易使消費者對品牌產生好感，從而提高消費者購買產品的可能性。

然而，如果廣告重複次數太多，就可能引起消費者的反感。二〇〇八年，恒源祥成為北京奧運會贊助商，投放了一條長達一分鐘的電視廣告。廣告中，由北京奧運會會徽和恒源祥商標組成的畫面一直靜止不動，畫外音則從「恒源祥，北京奧運會贊助商，鼠鼠鼠」，一直念到「恒源祥，北京奧運會贊助商，豬豬豬」，將中國十二生肖輪番念過，簡單的語調重複了十二次。這條廣告播出之後，線民惡評如潮。如果從知名度的角度來看，消費者應該都記住了恒源祥這個品牌。然而，如果光有知名度，卻被廣大消費者討厭，那麼就很難將知名度轉化為實實在在的銷售訂單（想想在三聚氰胺事件之後倒閉的三鹿奶粉，這個品牌家喻戶曉，但還會有消費者願意買三鹿奶粉嗎？），更不用說美譽度了。

●贊助、慈善

在行銷策略裡，贊助體育比賽、進行慈善捐贈等也都是感性策略，這樣可以增加消費者對企業的好感，從而增加消費者購買產品的可能性。以著名的涼茶企業加多寶（當時紅罐王老吉涼茶品牌歸加多寶營運）為例。二〇〇八年五月，在造成六萬九千餘人死亡的汶川大地震發生之後，加多寶向受害者及其家屬捐贈一億元人民幣，是當時最高的捐贈額。此次捐贈活動廣獲讚譽，網上出現了「要捐就捐一個億，要喝就喝王老吉」的口號，該口號被瘋狂轉載，提高了加多寶和王老吉涼茶的知名度。二〇一〇年四月，玉樹地震發生後，加多寶又捐贈一億一千萬元人民幣，再創捐贈額新高。加多寶的公益活動不僅強化了王老吉涼茶的品牌聲譽，也促進了銷售成長。

二〇二一年七月，河南發生了特大洪澇災害，造成三百零二人死亡。當時，鴻星爾克捐贈了五千萬元物資。得知此事之後，網友紛紛轉發消息：「鴻星爾克二〇二〇年巨虧，卻捐出五千萬元馳援災區。」該消息經傳播後在各大平台發酵，「鴻星爾克的微博評論好心酸」等相關話題登上社交平台熱搜榜單，話題熱度一度升至第一。之後，鴻星爾克的淘寶直播間湧進大量粉絲，有超過二百萬人參與掃貨，上架一款搶空一款。即便當時鴻星爾克的兩位主播勸說觀眾不要衝動消費，也仍然無法阻擋粉絲們對鴻星爾克的支持。

●強調論據的數量而非品質

在經典的行銷策略裡，強調論據的數量而非品質也是一種感性策略。例如，克萊斯勒旗下的道奇汽車曾經在報紙上登了一整版廣告，標題是「購買道奇汽車的一百零九個理由」，然後在整版廣告裡列出了這一百零九個理由。儘管大多數人根本不會去仔細看這些理由分別是什麼，但這則廣告的說服力很強，因為很多人都會想：「有這麼多理由去買這個牌子的車，那它一定是好車！」

在中國市場，奧妙洗衣粉的廣告語是「奧妙洗衣粉，去除九十九種頑固污漬」，並且包裝上列出了九十九種污漬分別是什麼。儘管大多數人根本不會去仔細看這些污漬分別是什麼，但這句廣告語的說服力也很強，因為很多人都會想：「能去除九十九種污漬，那奧妙洗衣粉的去汙能力一定強！」

企業在使用論據數量這種傳播／溝通策略時，要注意這種策略背後的前提，那就是論據數量要有可信度。在上面兩個案例中，道奇汽車的整版報紙廣告上列出了一百零九個理由，奧妙洗衣粉也在包裝上列出了九十九種污漬。儘管大多數人不會去仔細看購買理由和污漬具體有哪些，但他們心裡都會相信。

然而，有些企業在模仿這種策略時只是照貓畫虎，只學習了論據數量的策略，而忽略了可信度這個前提。例如，蒙牛公司曾經推出真果粒牛奶飲品，用的廣告語是「喜歡蒙牛真果粒的九億個理由」。然而，這句廣告語的可信度明顯不高，顯然不可能有九億個理由。事實上，蒙牛指的是真果粒的銷量超過九億瓶，但把它說成九億個理由顯然非常牽強。由此可見，可信度非常重要，如果沒有可信度，論據數量這種傳播／溝通策略就很難獲得成功。

三、中小企業沒有廣告預算，該如何進行傳播／溝通？

如今，社交媒體的存在使得中小企業即使沒有大量預算也可以做好傳播／溝通。舉個例子，美國德州裝甲製造商TAC的主要產品是防彈玻璃。該公司研發的防彈玻璃質量非常好，但是如何讓產品廣為人知呢？該公司創始人想了一個辦法，自己親自代言產品，並且為了證明產品的品質，他自己坐在防彈玻璃後面，請一個員工拿著AK-47機槍對著防彈玻璃射擊。結果，防彈玻璃成功擋住了子彈，創始人毫髮無損。這則短視頻被傳到網上後，立刻在社交媒體上瘋傳起來，這家公司的防彈玻璃立刻名聲大振，廣為人知。

美國有一個榨汁機品牌叫Blendtec。為了說明自己的榨汁機品質高，該公司拍了一則視頻，把一部iPhone放到Blendtec榨汁機裡攪拌。結果，iPhone被無情絞碎。隨著這則短視頻在社交媒體上的瘋狂傳播，Blendtec榨汁機強大的攪拌能力也廣為人知，銷量大增。

在中國，江小白也是透過社交媒體進行傳播的典型代表。二〇一一年，在金六福酒廠工作了十年的陶石泉創建了「江小白」這款「年輕人的白酒」，並在短短幾年裡從成百上千個白酒品牌中突圍而出。在江小白之前，中國年輕人並非各大白酒品牌的目標客戶（傳統白酒的目標客戶都是中年男性），傳統白酒的口味（辣和烈）以及背後的文化（求人辦事的關係文化）都不被年輕人喜歡。那麼，江小白究竟靠什麼獲得年輕人的喜歡呢？核心就是江小白瓶身上的獨特文案引起了年輕人的共鳴。

例如，「世上最遙遠的距離是碰了杯，卻碰不到心」、「我在杯子裡看見你的容顏，卻已是匆匆那年」、「我把所有人都喝趴下，就為和你說句悄悄話」等個性化文案，無一不成功撩撥起年輕人的情緒，結果就自然引起年輕用戶在社交媒體上的廣泛傳播。正是由於大量用戶這樣的自發傳播，江小白這家初創企業也很快銷量大漲。江小白在成立後的第二年，就達到了五千萬元人民幣的營收規模。二〇一七～二〇一九年，江小白的年營收分別突破十億元、二十億元、三十億元，在小瓶白酒市場中，江小白的市占率一度超過百分之二十。

在當今中國，抖音、快手、視頻號等短視頻社交媒體非常發達，這也是廣大中小企業和創業者打造企業品牌或者個人品牌的福音。例如，一九九〇年出生於四川綿陽的李子柒，早年經歷坎坷，十四歲便不得不輟學外出打工。二〇一五年，受當時大火的「Papi醬」❾啟發，李子柒開始拍攝美食短視頻，但前兩年成績比較黯淡。二〇一七年，李子柒拍的一則用古法工序做蘭州拉麵的視頻意外火了，從此她的古風美食視頻紅遍國內外，被譽為「家鄉的味道」和「中國的味道」。李子柒創立的個人品牌從此廣為人知，也獲得了許多榮譽：二〇一九年獲得《中國新聞週刊》「年度文化傳播人物獎」；二〇二〇年入選《中國婦女報》「二〇一九十大女性人物」，並當選為第十三屆全國青年聯合會委員；二〇二一年二月二日，以一千四百一十萬的YouTube訂閱量刷新了由其創下的「YouTube 中文頻道最多訂閱量」的金氏世界紀錄；二〇二一年六月，李子柒獲二〇二一「中國非遺年度人物」稱號。

❾中國網絡紅人，二〇一六年因以變聲形式發布原創影片而被人熟知。

後記

中國企業需要什麼樣的行銷？

我曾經在《清華管理評論》上發表過一篇題為「中國企業需要什麼樣的營銷？」的文章。在這篇文章裡，我提出，真正的行銷是一個科學的、嚴謹的過程，強調透過科學的理念和方法來吸引顧客和保留顧客，強調顧客價值、滿意度、忠誠度。

對中國的企業來說，當前迫切需要改變過去對行銷的片面理解，用科學的行銷理念和方法來武裝自己，關注長期利益，而不應急功近利。

■企業不進行科學行銷的代價

行銷如果不講科學，結果會怎麼樣？我們不妨來看一下霸王洗髮精和霸王涼茶的案例。

廣州霸王化妝品有限公司成立於一九八九年，在相當長的一段時間裡不為人知。二〇〇五年，霸王旗下的霸王洗髮精異軍突起，成功地在中國洗髮精市場上占據一席之地。那麼，霸王洗髮精是如何突然成功的呢？

在洗髮精市場上，《財星》全球五百強中的寶僑公司和聯合利華公司分列全球第一和第二。然而，再厲害的企業也不可能把市場全部占據。我們知道，消費者有不同的利益追求。中國人的頭髮是黑的，當年齡變大的時候，黑髮就會慢慢開始變灰、變白。所以，如何保持黑髮成為中國消費者的一個獨特需要。

這時，霸王公司看到了機會。因為中國人喜歡黑髮，於是霸王公司就在中藥藥典裡尋找配方，最後找到了一種神奇的中藥——首烏，作為洗髮精的成分。顧名思義，

「首」是頭，而「烏」是黑，「首烏」就是「頭髮黑」的意思。你不得不佩服中文的博大精深，要想頭髮黑，找不到比「首烏」更好的了。所以，霸王公司推出霸王首烏黑髮洗髮精，並請來國際巨星成龍做代言廣告，立刻取得了巨大的成功。

當時，霸王品牌的定位「中藥世家」也做到了家喻戶曉，非常成功。二〇〇九年七月三日，霸王集團在香港上市。二〇〇九年，霸王集團的營業額達到十七點五六億元人民幣，市值高達一百八十億元。

二〇一〇年，霸王集團卻犯下了一個致命的錯誤。當時，號稱「中藥世家」的霸王集團竟然宣布推出涼茶產品，命名為霸王涼茶，並聘請甄子丹代言，在江蘇衛視、湖南衛視等全國各大衛視大打廣告。然而，霸王涼茶很快就成為笑柄，二〇一二年的營收僅為一千七百五十八萬三千元人民幣，二〇一三年上半年的營收更是只有七十九萬元。二〇一三年七月一日，霸王集團終於在無奈之中決定停止生產銷售霸王涼茶。

你喝過霸王涼茶嗎？如果你沒有喝過，那就對了——正因為大多數人沒喝過霸王涼茶，霸王涼茶才失敗了。為什麼霸王涼茶會失敗？很多消費者想到要喝霸王涼茶，就會不由自主感覺到一股淡淡的洗髮精的味道。顯然，霸王集團在一個問題上出現了重大失誤——品牌延伸。在行銷科學中，品牌延伸有個基本常識：企業可以把同一個品牌用在不同的產品上，但是有一個前提——品牌延伸的不同產品必須有匹配度。如果沒有匹配度，那麼品牌延伸反而可能會起負面的作用。在霸王洗髮精和霸王涼茶這個案例裡，很明顯，洗髮精和涼茶是沒有匹配度的。

霸王集團為什麼會犯這樣一個低級錯誤呢？當時，加多寶的王老吉涼茶在中國市場上非常成功，於是霸王集團就模仿推出了自己的涼茶產品，也希望在涼茶市場上分一杯羹。王老吉涼茶的主要成分是包括金銀花、夏枯草在內的三花三草，都是中藥。而定位「中藥世家」的霸王品牌充分找到了自信：「王老吉涼茶靠中藥做涼茶獲得了成功，霸王品牌正好是『中藥世家』，做涼茶一定也會成功！」

於是，霸王集團就這樣輕率地推出了霸王涼茶。這個決策真的是太悲哀了，但凡霸王集團的老闆身邊有一個懂行銷科學的人，都能夠避免犯下這樣一個天價錯誤。因為霸王這個品牌已經跟洗髮精緊密地聯繫在一起了，這時突然去做涼茶，消費者會很容易聯想到洗髮精。這種情況下，霸王涼茶能有市場嗎？

霸王涼茶的失敗給霸王集團帶來了災難性的後果。在香港股市，股價低於一港元的股票被稱為「仙股」，這種股票一般不會有什麼交易量。霸王集團的股價自二〇一二年三月二十八日起便一直低於一港元，其股票已淪為仙股十年之久，僅剩下一個空殼。

同樣的錯誤，一直在重複

霸王涼茶的這個教訓，真是血的教訓。遺憾的是，類似的錯誤，一直在中國很多企業和企業家身上重複，包括許多著名的企業家。

以智慧手機領域為例，很多企業家在別的領域做得很成功，卻都喜歡跨界來做智慧手機，並用同一個品牌進行品牌延伸，結果由於企業家的過度自信而忽略了跨界的風險。

例如，賈躍亭創立的樂視網曾經在影視、娛樂、體育領域做得非常成功，二〇一〇年在國內創業板上市，二〇一五年市值高達一千七百億元人民幣，是創業板市值最高的企業。當時，賈躍亭是國內著名的明星企業家之一，經常和馬雲、馬化騰等同台論道。然而，二〇一四年，賈躍亭決定跨界進軍智慧手機和電動汽車領域。

二〇一五年，樂視推出第一代樂視智慧手機，斥資超過三十億元人民幣收購酷派手機，並成立樂視汽車公司。同年，樂視宣布投資易到用車，獲得後者百分之七十的股權，成為易到用車的控股股東……然而，這樣的燒錢速度很快導致樂視遭遇資金危機，樂視手機也於二〇一七年停產。二〇一七年，賈躍亭前往美國，他承諾的「下周回國」成為笑料，而他直接持有的樂視網股份被全部凍結。二〇一九年，賈躍亭在美國申請破產重組，並於二〇二〇年獲得美國法院通過。二〇二〇年七月，樂視網股票被深圳證券交易所摘牌，曾經高達一千七百億元的市值灰飛煙滅。

在智慧手機領域，除了賈躍亭，號稱「空調一姐」的董明珠也犯過類似的錯誤。二〇一五年，格力空調董事長董明珠宣布推出格力手機。甚至，在推出格力二代手機時，董明珠還把自己的照片作為格力手機的開機頁面。然而，格力手機根本沒有獲得市場和消費者的認可，因此淪為笑柄。我在各地講課時都會問學生：有誰用過格力手機嗎？結果，幾乎沒有人見過格力手機。類似地，大名鼎鼎的「紅衣大炮」三六〇公司董事長周鴻禕也犯過同樣的錯誤。三六〇是一個殺毒軟體，周鴻禕卻過度自信，決定做三六〇手機，最後也被迫承認失敗。

由此可見，企業如果不進行科學行銷，那麼即使是成功企業和明星企業家，也很容易犯下大錯。而如果你是初創公司的創業者或者中小企業家，那就更需要學習科學行銷的方法和體系。

■企業該如何進行科學行銷？

那麼，企業如何才能做到科學行銷？首先，企業必須建立以顧客為中心的行銷理念。其次，企業需要洞察顧客的心理和行為。最後，企業需要掌握並運用科特勒科學行銷的體系和方法。

舉個例子，日本有家企業叫任天堂（Nintendo），主要產品是遊戲機。如果你問家長，是否願意購買遊戲機給他們的孩子，你會發現大多數家長不願意，第一，如果孩子天天玩遊戲機，通宵達旦入了迷，那麼孩子的學習肯定受影響；第二，如果孩子天天在家裡躺在床上或者趴在桌子上玩遊戲機，他們還會出去運動嗎？不會。遊戲機會影響孩子的健康和學習，因此全世界的家長都不太喜歡遊戲機，儘管遊戲機確實能夠給孩子帶來快樂。

在這種情況下，行銷應該怎麼做？低水準的行銷不從顧客需要的角度出發，不對產品本身進行改進，而只是想方設法透過廣告來告訴消費者某款遊戲機有多棒。很多遊戲機公司通常的做法就是做廣告，在電視等媒體上到處打廣告，甚至找明星代言，設計出各種廣告口號，例如標榜自己是「遊戲機中的戰鬥機」等，吸引消費者購買。儘管這些遊戲機公司花很多錢在廣告上，但不太有效。因為廣告口號可以朗朗上口甚至家喻戶曉，但是家長購買遊戲機的顧慮仍然沒有消除。

在科學行銷理論的指導下，任天堂透過行銷部門與研發部門的密切合作，開發出了一款既不影響健康也不影響學習的遊戲機。二〇〇六年，任天堂在日本首先推出了運動型體感遊戲機Ｗｉｉ。消費者在玩這個遊戲的時候，手裡拿的是一個體感遙控器，需要真正運動起來：比如打籃球，你做一個投籃動作，螢幕中的遊戲人物也會做相應的投籃動作；又比如打乒乓球，你做一個扣殺的動作，螢幕中的遊戲人物也會做相應的扣殺動作。除此之外，還可以用Ｗｉｉ遊戲機玩網球、羽毛球、高爾夫球、拳擊、擊劍、滑水，甚至駕駛飛機等各種運動遊戲。

我們從中可以看到任天堂Ｗｉｉ遊戲機給消費者帶來的巨大好處。首先，在大多數城市，寒冷的冬季、炎熱的夏季都不太適合戶外運動，即使在適合運動的春秋季，也可能由於下雨、颱風等天氣而無法去做戶外運動，甚至，即使沒有下雨颱風，也可能由於霧霾等空氣污染原因而無法出去運動。另外，由於上學等原因，孩子們在工作日白天也幾乎沒有時間去運動。而任天堂告訴你，它的Ｗｉｉ遊戲機能夠把運動帶到你家的客廳裡，孩子在家裡玩這款遊戲機的時候，是真的在運動，不但不影響健康，還能促進運動、增強體質。而且這是一款運動型遊戲機，所以孩子並不會上癮，不影響學習。大家想想看，面對這樣一款遊戲機，家長還會有購買的障礙嗎？

除了促進孩子的運動之外，Wii遊戲機還帶來另一個好處，那就是促進家庭裡的親子關係。Wii遊戲機允許多人對戰，兩個人、三個人或者四個人都可以對打，一家人最多可以買四個遙控手柄互相進行對戰。大家想想看，如果是兩個人對戰，大多數孩子會找誰當對手？孩子們只要想到運動比賽，通常第一選擇都是找父親一起參加。因此，Wii遊戲機還能夠讓父子、父女之間的感情加深。親子關係是很多父親平時的痛點，因為母親通常和孩子有著更緊密的關係。現在，有了Wii遊戲機，父親們的機會來了，至少在陪孩子玩遊戲這件事情上，孩子們的第一選擇往往是父親。

這樣一款遊戲機，家長們購買起來自然沒有障礙。任天堂Wii遊戲機出現後，迅速博得了大量家長的青睞並開始流行。很多家長看到朋友家裡的Wii遊戲機之後，立刻也主動購買這款運動型體感遊戲機送給自己的孩子。幾乎全部靠口碑傳播而無需廣告，任天堂Wii不斷打破遊戲機的銷售紀錄，在市場上經常供不應求，銷量遠遠領先於當時的競爭對手產品索尼PS3和微軟Xbox360。甚至，消費者必須提前一到兩個月訂貨才買得到。從二〇〇六年十一月發布到二〇一三年七月，短短六年多，任天堂Wii的全球累計銷量就突破一億台大關，創造了全球遊戲機行業的新紀錄。

由此可見，掌握科學行銷的思維，對企業來說非常重要。

看待行銷的四個不同視角

最後，我想和大家分享一下菲利浦．科特勒提出的看待行銷的四個不同視角。

一、1P視角

百分之九十九的人都把行銷看作促銷，也就是科特勒所說的1P視角。確實，正因為如此，如果一個企業或者個人的微信號被認為是所謂的「行銷號」，那麼很多人就會不願意加這個微信號。甚至，很多父母都反對孩子去商學院讀市場行銷的本科，因為他們誤以為市場行銷專業就是培養推銷員，而他們都不願意讓自己的孩子成為他們討厭的那種推銷員。不過，一旦他們知道全球百分之九十的企業CEO都是行銷出身，他們可能就不會這麼想了。

二、4P視角

在讀完這本書後，你一定已經知道行銷不僅是促銷這一個P，還包括另外三個P，也就是產品、定價和通路。可以說，你如果知道行銷包含4P，就已經打敗社會上百分之九十九的人了。不少中小企業主也不知道這一點，因為他們經常說的就是：「我們公司的產品特別好，但是不會做行銷。」他們所說的「行銷」其實指的是「促銷」。事實上，如果對照4P行銷框架的話，他們就會很容易發現自己公司在哪些方面需要加強。例如，大多數中小企業不僅在促銷上缺乏資金，也缺乏通路，同時在價格上不一定有優勢。畢竟，大型企業大都採用了麥可·波特所說的成本領先策略，並且由於其大規模生產，所以非常容易有成本優勢和價格優勢。

三、STP視角

在讀完這本書後，你會知道行銷不僅包括4P，還包括STP，恭喜你，你已經掌握科特勒科學行銷體系的主要內容了。對廣大中小企業來說，要想在和大型企業的競爭中找到自己的市場機會，STP是最重要的武器。因為，市場區隔是發現全新市場機會的金鑰匙。不管大型企業多厲害，總有一些顧客的需求無法得到滿足。在進行充分的市場區隔之後，中小企業可以選擇一個大型企業無法很好滿足需求的區隔市場作為目標市場，提供充分差異化的產品和服務，這樣就容易在競爭中獲得一席之地。

四、ME角

近年來，菲利浦．科特勒一直大力宣導「無處不行銷」（marketing everywhere，首字母縮寫為ME）的理念。在每一家企業裡，行銷不僅是市場部門的職責，而且和所有部門都密切相關。一個行政部門的保全看起來和市場部門沒有任何交集，但保全和顧客的體驗密切相關。二〇二一年，上海銀行的一個VIP私人銀行客戶就因為和銀行保全之間的不愉快，決定當場從銀行一次性取走五百萬元現金。如果有更多的VIP私人銀行客戶這樣做，這家銀行還能生存下去嗎？一個財務部門的會計看起來也和市場部門沒有任何交集，但財務部門和顧客的體驗也密切相關。如果顧客要求開發票，財務部門說要等到下個月月初才能開發票，恐怕很多顧客就不願意再光顧了。

因此，企業對其每一個部門都需要普及「以顧客為中心」的行銷理念。因為顧客不僅是服務的物件，更是企業收入的來源——可以這麼說，每一個員工的工資並非老闆發的，而是顧客發的。一家企業只要失去顧客，就會立刻破產，所有員工也會立刻失業。遺憾的是，大多數企業員工都沒有這樣的理念，而是「臉對著老板，屁股對著顧客」。

結語

作為一位傳播科特勒科學行銷體系的行銷學者，我衷心地希望，企業家和企業高管讀者們在讀完這本書之後，能夠真正掌握科特勒科學行銷體系。只要越來越多的中國企業開始真正奉行以顧客為中心的行銷理念，以合適的價格為顧客提供優質的產品和服務（想想看，我們現在確實還有很多產品的品質不如國外的產品，價格卻比國外高），中國消費者就一定會越來越幸福，中國企業也一定會越來越強。可以說，等到全球消費者都希望來中國購買各種產品，中國的企業能夠開遍全球時，中華民族才真正屹立在世界民族之林的最高處。

同時，我也衷心希望，即使你不是一個企業家或企業高管，你也能夠把行銷思維、理念和方法應用到自己的日常生活和工作中。如果你能夠好好應用「以顧客為中心」的行銷思維、理念和方法，能夠經常設身處地為別人著想，你一定會獲得更多人的歡迎，也會獲得更大的影響力和成功。

不論是企業還是個人，讓我們一起努力！

參考文獻

1. Philip Kotler、Kevin Lane Keller、Alexander Chernev. *Marketing Management*（第十六版）〔M〕。陸雄文，蔣青雲，趙偉韜等，譯。北京：中信出版社，二〇二二。
2. Peter F. Drucker. *The Practice of Management*〔M〕。齊若蘭，譯。北京：機械工業出版社，二〇一八。
3. William D. Perreault, Jr.、E. Jerome McCarthy. *Basic Marketing*〔M〕。梅清豪，周安柱，譯。上海：上海人民出版社，二〇〇〇。
4. Al Ries、Jack Trout. *Positioning*〔M〕。鄧德隆，火華強，譯。北京：機械工業出版社，二〇一七。

5. Michael E. Porter. *Competitive Strategy*〔M〕。陳麗芳，譯。北京：中信出版社，二〇一四。
6. Daniel Kahneman. *Thinking, Fast and Slow*〔M〕。胡曉姣，李愛民，何夢瑩，譯。北京：中信出版社，二〇一二。
7. Richard H. Thaler、Cass R. Sunstein. *Nudge*〔M〕。劉寧，譯。北京：中信出版社，二〇一八。
8. Richard H. Thaler. *Misbehaving*〔M〕。王晉，譯。北京：中信出版社，二〇一六。
9. LEVITT T. *Marketing Myopia*[J]. Harvard Business Review, 1960.
10. Noel Capon、柏唯良、鄭毓煌。寫給中國經理人的市場營銷學〔M〕。劉紅豔，施曉峰，馬小琴等，譯。北京：中國青年出版社，二〇一二。
11. 鄭毓煌，蘇丹。理性的非理性〔M〕。北京：中國友誼出版公司，二〇二二。
12. 鄭毓煌。營銷：人人都需要的一門課〔M〕。北京：機械工業出版社，二〇一六。

各界推薦

【學術界】

市場行銷既是一門藝術，也是一門科學。在《科特勒經典行銷學》裡，鄭毓煌教授濃縮、精煉了市場行銷的主要概念和理論，詳細描述了評估和分析行銷決策的科學方法，並透過大量有趣的國內外實戰案例展示了科學行銷的力量。

這本書也是對「現代行銷學之父」菲利浦·科特勒的百萬字經典著作《行銷管理》的凝練總結和補充，強烈建議把它和《行銷管理》一起讀。

——**蘇尼爾·古普塔**Sunil Gupta

哈佛商學院Edward W. Carter講席教授

鄭毓煌教授的《科特勒經典行銷學》，提供了一份對市場行銷學開山鼻祖菲利浦·科特勒的百萬字經典著作《行銷管理》，簡潔而又充滿洞察的總結，並對大量的中外實戰案例進行了深度解析，這本書無疑將對企業利用科學的行銷戰略持續發展壯大提供極大的貢獻，我強烈推薦！

——羅伯特．伯格曼Robert A Burgelman
史丹福大學商學院Edmund W. Littlefield講席教授

鄭毓煌教授的《科特勒經典行銷學》是對眾多西方經典行銷著作的重要補充。鄭教授不僅精通西方的行銷理論和實踐，也對中國企業所處的環境及其實踐有著深入的洞察，因此，《科特勒經典行銷學》可謂中西合璧，是所有想學習市場行銷的讀者的一本必讀書。

——諾埃爾．凱普Noel Capon
哥倫比亞大學商學院R. C. Kopf講席教授

《科特勒經典行銷學》一書由極具才華和洞察力的清華大學博士生導師鄭毓煌教授，用其二十多年的教學、研究和實踐凝練而成，是讀者學習行銷的必讀書。在這本簡潔精練的著作裡，鄭教授概括了科學行銷體系的核心原則和步驟，並透過大量中國和國際的企業實戰案例進行了富有創造力的深度分析。我強烈推薦這本書，每個企業家和行銷人不可不讀！

——**藍恩．吉維茲Ran Kivetz**
哥倫比亞大學商學院Philip H. Geier Jr.講席教授

鄭毓煌教授的重磅作品《科特勒經典行銷學》直擊要害，說是行銷界眾多著作的「翹楚」亦毫不為過。「現代行銷學之父」菲利浦．科特勒的百萬字巨著《行銷管理》是全球行銷界的經典，但主要採用美國案例，並且確實太厚，很難讀完全書。《科特勒經典行銷學》把科特勒經典行銷學體系的核心步驟進行了提煉，並用大量中國本土的案例進行了深度解析。這本書對每個（有抱負的）行銷人來說都是一本必讀書！

——**楊－班奈狄克．斯廷坎普Jan-Benedict E.M.Steenkamp**
北卡羅萊納大學Kenan-Flagler商學院C. Knox Massey講席教授

在當今商業化的社會裡，很少有人能忽視行銷，更少的人承認不懂行銷。一時間，在蓬勃發展的行銷行業，武林高手雲集，各自身懷絕技，出手高招。

但行銷是一門洞察市場環境、影響客戶行為、制定競爭戰略的科學，行銷人不能只求熱鬧，不懂門道，靠偏方小計駕馭市場。鄭毓煌教授的《科特勒經典行銷學》一書，師承正宗，弘揚科學，惠及大眾，可謂雪中送炭，值得一讀！

——張忠
華頓商學院蔡萬才講席教授

鄭毓煌教授融合二十多年的教研實踐經驗，將磅礡的行銷管理理論凝練成一套簡美而完整的框架，再佐以中外的經典案例和前沿探索，將此框架闡釋得淋漓盡致、深入人心。如果你希望在商場「不戰而屈人之兵」，或在人海中以科學展現自我，那麼我強烈推薦閱讀此書。

——張娟娟
麻省理工學院Sloan管理學院John D. C. Little講席教授

專業的視角、通俗的文字、貼近生活的案例，這本書將科特勒行銷思想與體系做了極簡濃縮，既有系統性和思想性，又有趣味性和可讀性！

——符國群
北京大學光華管理學院教授

【企業界&媒體界&諮詢界】

我一直「追更」菲利浦・科特勒先生的經典著作《行銷管理》，再讀鄭毓煌教授的《科特勒經典行銷學》一書，仍覺開券有益。化繁為簡、結構化的知識點，加之大量鮮活的實戰案例，以及鄭教授的深刻解讀，讓讀者更容易理解行銷的概念，掌握科學行銷的方法。

——王雅娟

小紅書首席行銷官、新浪微博前高級副總裁

行銷首先是關於普遍人性、具體人性、多元人性的價值哲學，其次才是一種基於產品和市場的方法和技巧。從某種意義上說，行銷改變世界。然而，大多數企業對行銷的理解顯然比較片面，追求短期利益而非長期利益，追求「術」的五花八門，忽視對消費者的心靈洞察。鄭毓煌教授的《科特勒經典行銷學》一書，用簡潔的語言闡述了市場哲學、市場分析、市場戰略、行銷組合策略等科特勒科學行銷體系的思想精髓，同時透過蘋果、特斯拉、華為等幾十個商業實戰案例，對如何應用科特勒科學行銷體系做了生動而具體的剖析。這本書是作者二十多年傳播科特勒科學行銷體系的心血和精華，它作為對「現代行銷學之父」菲利浦・科特勒的百萬字經典著作《行銷管理》的補充，是企業家和企業高管系統認知行銷之道與術的難得佳作。

——田濤
華為國際諮詢委員會顧問

「現代行銷學之父」菲利浦・科特勒先生曾經說：真正的行銷專家是科學家、藝術家和工程師的合體。行銷的科學性無疑是十分重要的。在科特勒的《行銷管理》第十六版隆重上市之際，我非常欣喜地看到鄭毓煌教授的《科特勒經典行銷學》同步出版，這是近年來中國商業書中難得的佳作！《科特勒經典行銷學》既保持了科學行銷體系的完備性，又照顧到了讀者的閱讀體驗和對真實世界行銷的指導性，因此，我強烈推薦這本書！

——曹虎
科特勒諮詢集團中國區總裁

經過幾十年的快速發展，中國出現了一大批優秀的企業。然而，與中國製造在全球的巨大影響力形成鮮明對比的是，中國品牌在全球的影響力還有待提高。例如，在全球最知名的品牌中，中國品牌還遠遠落後於美國品牌。因此，中國企業急需提高品牌在全球各國消費者中的接受度和滿意度。

而要做到這一點，中國企業必須遵循科學的行銷之道。清華大學鄭毓煌教授的《科特勒經典行銷學》一書不僅介紹了西方的科學行銷體系，而且用大量國內外實戰案例進行深度解析，可以給中國企業有益的啟發，值得一讀！

——**張宏江**
美國國家工程院外籍院士

行銷需要神來之筆的靈感，但更重要的是要有科學的體系。鄭毓煌教授在《科特勒經典行銷學》中以他多年行銷教學和實踐的功力，為我們梳理了科特勒科學行銷理論的脈絡，讓菲利浦．科特勒的《行銷管理》這本可望而不可即的百萬字經典名著走進每個讀者的生活和工作。鄭教授的《科特勒經典行銷學》值得學習！

——**樊登**
樊登讀書首席內容官

ideaman 165

科特勒經典行銷學

一本掌握「現代行銷學之父」菲利浦·科特勒完整行銷理論及重點

原著書名——科学营销：极简科特勒营销体系
原出版社——中信出版集團股份有限公司
作者——鄭毓煌
責任編輯——劉枚瑛

版權——吳亭儀、江欣瑜、林易萱
行銷業務——周佑潔、賴玉嵐、林詩富、賴正祐
總編輯——何宜珍
總經理——彭之琬
事業群總經理——黃淑貞
發行人——何飛鵬
法律顧問——元禾法律事務所 王子文律師
出版——商周出版
115台北市南港區昆陽街16號5樓
電話：(02) 2500-7008 傳真：(02) 2500-7579
E-mail：bwp.service@cite.com.tw
Blog：http://bwp25007008.pixnet.net./blog
發行——英屬蓋曼群島商家庭傳媒股份有限公司城邦分公司
115台北市南港區昆陽街16號5樓
書虫客服專線：(02)2500-7718、(02) 2500-7719
服務時間：週一至週五上午09:30-12:00；下午13:30-17:00
24小時傳真專線：(02) 2500-1990；(02) 2500-1991
劃撥帳號：19863813 戶名：書虫股份有限公司
讀者服務信箱：service@readingclub.com.tw
城邦讀書花園：www.cite.com.tw
香港發行所——城邦(香港)出版集團有限公司
香港九龍土瓜灣土瓜灣道86號順聯工業大廈6樓A室
電話：(852) 2508-6231 傳真：(852) 2578-9337
E-mail：hkcite@biznetvigator.com
馬新發行所——城邦(馬新)出版集團 Cite (M) Sdn Bhd
41, Jalan Radin Anum, Bandar Baru Sri Petaling,
57000 Kuala Lumpur, Malaysia.
電話：(603))9056-3833 傳真：(603)9057-6622
E-mail：services@cite.my

美術設計——copy
印刷——卡樂彩色製版印刷有限公司
經銷商——聯合發行股份有限公司 電話：(02)2917-8022 傳真：(02)2911-0053

2024年3月14日初版
定價450元 Printed in Taiwan 著作權所有，翻印必究
ISBN 978-626-390-036-3
ISBN 978-626-390-025-7（EPUB）

城邦讀書花園
www.cite.com.tw

國家圖書館出版品預行編目(CIP)資料

科特勒經典行銷學 / 鄭毓煌著.
-- 初版. -- 臺北市：商周出版：英屬蓋曼群島商家庭傳媒股份有限公司城邦分公司發行,
2024.03 336面 ;14.8×21公分. -- (ideaman ; 165)
ISBN 978-626-390-036-3(平裝) 1.CST: 行銷學 496 113000943

廣　告　回　函
北區郵政管理登記證
台北廣字第000791號
郵資已付，免貼郵票

115 台北市南港區昆陽街 16 號 5 樓
英屬蓋曼群島商家庭傳媒股份有限公司
城邦分公司

請沿虛線對摺，謝謝！

書號：BI7165　　書名：科特勒經典行銷學　　編碼：

請於此處用膠水黏貼

商周出版

讀者回函卡

線上版讀者回函卡

感謝您購買我們出版的書籍！請費心填寫此回函卡，我們將不定期寄上城邦集團最新的出版訊息。

姓名：________________________ 性別：☐男 ☐女

生日：西元__________年__________月__________日

地址：________________________________

聯絡電話：________________ 傳真：________________

E-mail ：

學歷：☐ 1. 小學 ☐ 2. 國中 ☐ 3. 高中 ☐ 4. 大學 ☐ 5. 研究所以上

職業：☐ 1. 學生 ☐ 2. 軍公教 ☐ 3. 服務 ☐ 4. 金融 ☐ 5. 製造 ☐ 6. 資訊
☐ 7. 傳播 ☐ 8. 自由業 ☐ 9. 農漁牧 ☐ 10. 家管 ☐ 11. 退休
☐ 12. 其他________________

您從何種方式得知本書消息？

☐ 1. 書店 ☐ 2. 網路 ☐ 3. 報紙 ☐ 4. 雜誌 ☐ 5. 廣播 ☐ 6. 電視
☐ 7. 親友推薦 ☐ 8. 其他________________

您通常以何種方式購書？

☐ 1. 書店 ☐ 2. 網路 ☐ 3. 傳真訂購 ☐ 4. 郵局劃撥 ☐ 5. 其他______

您喜歡閱讀那些類別的書籍？

☐ 1. 財經商業 ☐ 2. 自然科學 ☐ 3. 歷史 ☐ 4. 法律 ☐ 5. 文學
☐ 6. 休閒旅遊 ☐ 7. 小說 ☐ 8. 人物傳記 ☐ 9. 生活、勵志 ☐ 10. 其他

對我們的建議：________________________________
____
____

請於此處用膠水黏貼

Idea man